U0283252

# 路易斯·康
# 建筑师中的哲学家

施植明　刘芳嘉　著

江苏凤凰科学技术出版社 · 南京

江苏省版权局著作权合同登记图字：10-2016-166

《 路易斯·康 建筑师中的哲学家：建筑是深思熟虑的空间创造 》
施植明，刘芳嘉 著
中文简体字版 ©2016 年由天津凤凰空间文化传媒有限公司发行
本书经城邦文化事业股份有限公司【商周出版】授权，同意经版客在线文化发
展（北京）有限公司代理，由天津凤凰空间文化传媒有限公司出版中文简体字版
本。非经书面同意，不得以任何形式任意重制、转载。

## 图书在版编目（CIP）数据

路易斯·康：建筑师中的哲学家 / 施植明，刘芳嘉
著 . -- 南京：江苏凤凰科学技术出版社，2016.7（2021.10重印）
ISBN 978-7-5537-6763-5

Ⅰ.①路… Ⅱ.①施… ②刘… Ⅲ.①康，L.I.（
1901-1974）- 建筑艺术 - 研究 Ⅳ.① TU-867.12

中国版本图书馆 CIP 数据核字 (2016) 第 153976 号

**路易斯·康 建筑师中的哲学家**

| | | |
|---|---|---|
| 著　　　者 | 施植明　刘芳嘉 | |
| 项 目 策 划 | 凤凰空间 / 陈　景 | |
| 责 任 编 辑 | 刘屹立　赵　研 | |
| 特 约 编 辑 | 艾　璐 | |

| | |
|---|---|
| 出 版 发 行 | 江苏凤凰科学技术出版社 |
| 出版社地址 | 南京市湖南路 1 号 A 楼，邮编：210009 |
| 出版社网址 | http://www.pspress.cn |
| 总 经 销 | 天津凤凰空间文化传媒有限公司 |
| 总经销网址 | http://www.ifengspace.cn |
| 印　　　刷 | 河北京平诚乾印刷有限公司 |

| | |
|---|---|
| 开　　　本 | 710 mm × 1 000 mm 1/16 |
| 印　　　张 | 12.5 |
| 字　　　数 | 104 000 |
| 版　　　次 | 2016 年 7 月第 1 版 |
| 印　　　次 | 2021 年 10 月第 5 次印刷 |

| | |
|---|---|
| 标 准 书 号 | ISBN 978-7-5537-6763-5 |
| 定　　　价 | 68.00 元 |

图书如有印装质量问题，可随时向销售部调换（电话：022-87893668）。

# 路易斯 · 康之旅

印象中最早听到路易斯 · 康的名字，是在汉宝德先生在花莲县秀林乡设计的洛韶山庄（1971年）的几何切割造型，以及台北仁爱路上的中心诊所（1973年）墙面上所开的大圆洞，被提及受到路易斯 · 康的影响。汉先生翻译耶鲁大学建筑史教授斯卡利（Vincent Scully）在1962年所出版的路易斯 · 康专著，在1973年出版了《路易士 · 康》，应该是最早引进路易斯 · 康的人[1]。

奇怪的是，当年在贺陈词老师的近代建筑史课程里，我对路易斯 · 康并未留下丝毫的记忆，反倒是，在我大三时（1982年），从美国学成返回东海大学建筑系任教的张肃肃老师到成功大学建筑系演讲，介绍路易斯 · 康的作品，流露出对路易斯 · 康的无限爱慕之情，引发学妹赵梦琳在晚会表演时，传神的一句俏皮话："非路易斯 · 康不嫁！"经过三十多年后，至今仍记忆犹新。

我在巴黎求学期间，在布登（Philippe Boudon）教授所开的"仿效式设计课程"中[2]，来自美国的一位女同学正好选了路易斯 · 康作为仿效的建筑师，不过她当时身怀六甲力不从心，对路易斯 · 康所做的探究并未让我留下什么印象。自己当时选择了勒 · 柯布西耶（Le Corbusier），对法国同学而言，很难理解此抉择，一方面是大家对勒 · 柯布西耶都太熟悉了，似乎欠缺挑战性；另一方面，布登教授正好是研究勒 · 柯布西耶的专家，他的第一本成名代表作便是探讨勒 · 柯布西耶的贝萨克工人住宅区[3]，要在他面前谈勒 · 柯布西耶，自然倍感压力。尽管如此，在跟老师与同学的讨论过程中，也让我对勒 · 柯布西耶有更深一层的理解，促成后来出版了勒 · 柯布西耶的专著[4]。

在华梵大学任教期间，规划大三下学期的"当代课程"时，我将路易斯 · 康与芬兰建筑师阿尔托（Alvar Aalto）以及德国建筑师夏隆（Hans Scharoun），列为是继四位第一代现代建筑大师：赖特（Frank Lloyd Wright）、格罗皮乌斯（Walter Gropius）、密斯（Ludwig Mies van der

Rohe）与勒·柯布西耶之后，最重要的三位第二代现代建筑大师。在巴黎求学时，已亲自参观过两位欧洲建筑大师的主要代表作品，并在现场拍摄了幻灯片，主要作品都在美国的路易斯·康则仍无缘亲睹，只能通过翻拍书中图片，隔靴搔痒地跟学生分享自己在书中所获得的体会。

1992 年首次到美国旅游，在洛杉矶时，特别找了亲戚开车到圣地亚哥拉由拉（La Jolla）参访萨克生物研究中心（Salk Institute for Biological Studies）；转往纽约时，正好赶上现代美术馆的路易斯·康特展 [5]。之后三度造访耶鲁大学参观耶鲁美术馆（Yale Art Gallery）与耶鲁大学英国艺术实验室（Yale Center for British Art），两度到宾夕法尼亚大学参观理查德医学研究实验室（Richards Medical Research Towers），两度到沃斯堡参观金贝尔艺术博物馆（Kimbell Art Museum）。

1999 年到印度昌迪加尔（Chandigarh）参加庆祝建城五十周年的学术研讨会 [6]，会后到艾哈迈德巴德（Ahmedabad）参观勒·柯布西耶的三件作品，也顺道看了路易斯·康首件在美国境外完成的大规模设计作品：印度管理学院。2006 年年底，心血来潮与在研讨会时交换名片的一位来自孟加拉的建筑师联络上，询问前往参观达卡国会大厦的事宜。他虽然已经移居英国，仍热心地请住在达卡的妹妹协助。原本计划2007 年年初能成行，只是当时当地政局混乱，暴动频繁，尽力想协助我的人，竟然连她自己都回不去，只好打消念头，期待来日再圆梦。

2007 年暑假访美时，旅居波士顿的好友开车载我到菲利普斯·埃克塞特学院图书馆（Library, Phillips Exeter Academy），路易斯·康在美国所完成的 5 件传世之作，终于都亲自体验了。多年来，除了每年在当代建筑的课程中都会有一个课题探讨路易斯·康之外，也在 1995 年之后任教的台湾科技大学，指导过 3 篇以路易斯·康为研究主题的硕士论文。此外 2010 年也与博士班学生刘芳嘉，针对路易斯·康构筑整合设备系统的议题，在国际学术性期刊共同发表了两篇论文 [7]。

本书由三部分所组成：首先针对路易斯·康的成长背景与作品做整体的

介绍。美国建筑史学者魏斯曼（Carter Wiseman）所出版的路易斯·康传记，提供了主要的资料来源[8]。接着针对路易斯·康6件代表性作品进行探讨，此部分由刘芳嘉的硕士论文内容改写而成。第三部分则针对路易斯·康如何以构筑整合设备系统的设计手法进行深入探讨，主要的内容来自先前发表过的两篇学术论文，以及一篇尚未发表的学术论文。希望通过这样的内容安排，能让喜爱建筑的广大群众以及建筑专业人士，一起摸索路易斯·康的建筑世界：深思熟虑的空间创造。

施植明
2015年　于台湾科技大学建筑系　建筑思维研究室

[1] 斯卡利 V. 路易士·康 [M]. 汉宝德，译. 台中：境与象出版社，1973.
[2] BOUDON P. & DESHAYES P. A la manière de, Service de la recherché architectural. 1981.
[3] BOUDON P. Pessac de Le Corbusier[M]. Paris: Dunod, 1969.
[4] 施植明. 科比意：二十世纪的建筑传奇人物柯布 [M]. 台北：木马文化，2002.
[5] KAHN L. I.: In the Realm of Architecture. MoMA, June 14-August 18, 1992.
[6] JASPREET T. Proceedings of "Celebrating Chandigarh": 50 Years of the Idea, Chandigarh, India, 9-11 January 1999[M]. Chandigarh: Chandigarh Perspectives, 2001.
[7] CHIH-MING SHI, FANG-JAR LIOU & JOHANOSN R. E. The Tectonic Integration of Louis I. Kahn's Exeter Library[J]. Journal of Asian Architecture and Building Engineering, 2010, 9(1): 31-37. CHIH-MING SHI & FANG-JAR LIOU. Louis Kahn's Tectonic Poetics: The University of Pennsylvania Medical Research Laboratories and the Salk Institute for Biological Studies[J]. Journal of Asian Architecture and Building Engineering, 2010, 9(2), 283-290.
[8] WISEMAN C. Louis I. Kahn: Beyond Time and Style – A Life in Architecture[M]. New York: W. W. Norton & Company, 2007.

# 目录

Part **3**

# 建筑的内在革命
## 空间和设备系统的整合 125

我们在设计时，常有着将结构隐藏起来的习惯，这种习惯将使得我们无法表达存在于建筑中的秩序，并且妨碍了艺术的发展。我相信在建筑或是所有的艺术中，艺术家会很自然地保留能够暗示"作品是如何被完成"的线索。

Part **1**

# 静谧与光明的建筑旅程
## 路易斯·康的成长背景与作品介绍

大器晚成，由美国本土教育所培养出来的建筑师
路易斯·康（Louis Isadore Kahn），融合古典与
现代于一体，创造出独树一帜的建筑风格，空
间、结构与设备完美地整合在充满哲学思维的建
筑实践之中，让建筑作品充满着空间诗意。

路易斯·康 1901 年出生于沙皇俄国所控制之下的爱沙尼亚，原本的姓氏为舒慕伊罗斯基（Schmuilowsky）的犹太家庭，在改名为路易斯·康之前，名为莱瑟 - 伊泽（Leiser-Itze Schmuilowsky），亲朋好友都叫他路（Lou）。

## 动荡的幼年期

父亲莱柏（Leib Schmuilowsky）原籍拉脱维亚，从小从事彩色玻璃的工作，17 岁时投入沙皇军队。由于精通拉脱维亚语、爱沙尼亚语、俄语、德语、希伯来语以及一点土耳其语，在军中担任翻译相关的文书工作，深受长官信赖，很快晋升到军需官，负责发饷。他在休假期间遇见了一位来自拉脱维亚的竖琴伴奏师，德国作曲家门德尔松（Felix Mendelsohn）的远亲——贝拉 - 萝贝卡（Beila-Rebecka Mendelowitsch），之后改名为贝莎（Bertha Mendelsohn）。1900年两人在里加（Riga）结婚。

隔年长子莱瑟 - 伊泽诞生，出生地点往往被说成是位于爱沙尼亚附近、波罗的海的一座小岛——即目前的萨列马岛（Saaremaa）；不过后来的文献则显示是现在爱沙尼亚本土上的派尔努（Parnu）。妹妹莎拉（Sarah）与弟弟奥斯卡（Oscar）在 1902 年与 1904 年相继出生。路易斯·康也搞错了自己的出生地，可能是父母给了他错误的讯息，或是派尔努将附近的小岛视为行政区的一部分所致。他个人向来认为自己是在小岛出生的人，增添一份浪漫的气息。由于父亲曾在萨列马岛上的一座 14 世纪的城堡内工作，他们家的确在岛上住过一段时间。

康在 3 岁时发生了一次意外，在他的脸上留下了一生的印记。由于他一直被壁炉的火所吸引，有一次太过靠近壁炉栅栏，在挖煤炭时围兜着了火，在母亲赶来时，手与脸已严重灼伤，虽然没有伤到眼睛，不过烧伤严重到父母都怀疑他是否还能存活。后来很幸运地活了下来，颜面留下了明显的伤疤。父亲在当时认为，与其毁容幸存，不如死掉算了；母亲则坚信儿子将来一定能成大器。

由于许多亲戚都移居美国费城，1904 年莱柏也决定先赴美之后再将家人接过来。抵达费城时，口袋里只有四美元，原本寄望当地的亲人能帮他安顿下来，却落了空。在工地当工人没多久，就因为背部受伤而无法工作。1906 年贝莎带着三个小孩抵达费城，为了全家的生计，在家中帮制衣工厂做一些编织零工。莱柏与贝莎为了让小孩能成为完完全全的美国人，曾短暂经营一间糖果店，不过没有多久就无法支撑下去。家人住在费城北边的犹太区，曾在两年内搬过十七次家，大部分是因为付不出租金的缘故。在这段不安定的日子里，康感染了猩红热，住院治疗导致他日后高声调的说话声音以及不便的腿力，让他拖到 7 岁才能进入公立学校就读。

## 早生的艺术才华

颜面受伤的康在学校受同学嘲笑，被称为疤面人，但他在绘画上的天分则备受师长的赞誉；康后来因为在学校帮助其他同学代做绘画作业，而改善了人际关系。优异的铅笔画能力，让他得以进入以培养有天分的少年闻名的费城公立工业艺术学校（Public Industrial Art School）。1913 年，康获得了由百货公司大亨瓦纳马克（John Wanamaker）所赞助的城市美术竞赛首奖。

康在公立工业艺术学校遇到了启发他绘画才华的老师。当时的校长特德（James Liberty Tadd），1881 年毕业于宾夕法尼亚美术学院，之后曾在母校任教，该学院是美国最早成立的美术学院，成为费城文化与社会生活的重心所在。特德在学期间受业于美国著名的写实画家艾金斯（Thomas Eakins），后者鼓励学生放弃传统美术教育强调的技术训练，寻找自我表现的方式，使得特德倾向以自然为主题的浪漫画派，在学校让学生画动物标本，并且带学生到校外的农场画动物写生，强调艺术创作与自然密切相关。特德训练学生掌握整体比例的关系，以木材与黏土做三度空间的创作，培养学生的视觉表现能力能像书写一样去表达所见的一切。

康除了在校上特德的课之外，周末还到图案素描俱乐部（Graphic

Sketch Club）上课，该俱乐部提供了音乐、素描与绘画课程，供有兴趣者来此学习艺术。康从未学过如何看乐谱，凭着超乎常人的听力，通过尝试错误的方式，弹得一手好钢琴。校长送给他一台旧钢琴，硬塞进家中的钢琴一度成为康睡觉的床。

绘画才华让康在求学过程中一帆风顺，弹钢琴的能力则让他可以帮忙家计。他在当地两家电影院演奏默片的音乐，他在第一家电影院影片结束之后，必须火速跑到相距八个街廓的第二家电影院，赶在放映前到达。凭着艺术的天分，康才有可能接受他的家庭环境无法负担的高等教育。康的音乐才华让他获得俱乐部主要赞助人弗莱舍（Samuel Fleisher）提供的奖学金。

## 从艺术到建筑

1915 年，莱柏获得美国籍，改名为利奥波德（Leopold），并将姓氏改为康（Kahn），此为大部分移居美国的亲人选择的姓氏，带一点德国味的姓氏，希望能让家人比较容易融入新环境。

康在中央高中（Central High School）时期开始受到建筑的启蒙。当时担任艺术课程的老师格雷（William F. Gray）与特德一样毕业于宾夕法尼亚美术学院，也同样喜爱浪漫主义。格雷讲授的艺术史内容涵盖了中世纪意大利建筑、18 世纪后期与 19 世纪初期的建筑。格雷要求学生描绘世界著名的建筑，包括埃及、希腊、罗马、哥特以及文艺复兴时期的样式 [1]；康帮许多没有能力交作业的同学代笔以赚取零用钱。

他在中央高中求学期间，在宾夕法尼亚美术学院赞助的水彩画比赛中获奖，1919 年更赢得宾夕法尼亚美术学院费城高中组最具创意的徒手画首奖。美术学院提供了四年的奖学金给他。不过康在中央高中最后一年上了格雷讲授的建筑史，触动了他最深层的意愿，毅然放弃奖学金，而选择要到宾夕法尼亚大学建筑系就读。

此决定不仅影响了他自己的一生，同时也给家里带来冲击。康在电影院兼差弹奏所赚的钱虽不多，却是家里稳定的经济来源，到宾大之后，便无法再继续做此工作了。为了实现雄心壮志，康利用暑假期间在百货公司当送货员，妹妹也辍学从事裁缝工作补贴家用。弟弟刚开始虽极为不满，后来仍尊重康到宾大的决定。康为了付学费，必须贷款并担任各种助教的工作。

## 宾夕法尼亚大学，法国老师

1920 年秋天学校开学，康非常自豪地入学。宾大的名气在当时虽不及哈佛、耶鲁或普林斯顿大学，不过建筑系则非常著名。宾大当时的建筑教育承袭法国巴黎美术学校（Ecole des Beaux-Arts）的教育理念，训练学生从研习古典建筑的杰作出发。康在建筑养成教育过程中，便受业于一些出自法国美术学校训练的老师，他遇到的第一位建筑设计老师哈比森（John Harbeson）便是巴黎美术学校的校友，指导学生从设计元素着手。

哈比森与克瑞特（Paul Philippe Cret）一起执业，克瑞特也同样出身巴黎美术学校，是当时宾大建筑系最著名的教授，也是康在最后一年的设计课老师。在法国里昂出生的克瑞特，1897 年在巴黎美术学校学习，进入帕斯卡（Jean-Louis Pascal）设计工作室。帕斯卡是 1866 年罗马大奖（Grand Prix de Rome）的建筑奖得主，在 1875 年拉布斯特（Henri Labrouste）过世之后，接手成为负责法国国家图书馆的首席建筑师，1914 年同时获得美国建筑师学会金质奖章与英国皇家建筑师学会皇家金质奖章。

一群宾大学生到巴黎美术学校研习时结识克瑞特，对他的设计功力非常佩服。1903 年克瑞特受邀到费城，负责宾大建筑系的设计课程，虽然他当时正在准备参加罗马大奖的竞赛，仍冒险决定接受宾大的邀请。克瑞特很快地适应美国的建筑执业方式，积极参与公共建筑的设计，在职业生涯中参加过 25 次竞图，赢得 6 次首奖，这对外籍建筑师而言非常不易，1938 年更荣获美国建筑师协会金质奖章。

克瑞特引进了法国巴黎美术学校所强调的轴向性平面，偏重古典建筑的对称性，并融合金属结构与现代营建技术。在 1923 年所发表的一篇《现代建筑》的文章中，克瑞特反驳当代评论认为古典传统已经不流行的论调，强调历史在当代设计所具有的重要性，最好的建筑应源于了解时代的艺术延续 [2]。

克瑞特在第一次世界大战期间返回法国投入军旅，担任炮兵，之后成为美国陆军主帅潘兴（John Pershing）将军的翻译，由于此职务让他有机会在战后设计了一些官方的纪念性建筑。战后克瑞特返回美国，接受罗斯福（Theodore Roosevelt）总统家族委托设计昆廷·罗斯福（Quentin Roosevelt）的纪念碑，以纪念在第一次世界大战中殉国的罗斯福总统的儿子。从此与美国战争纪念委员会建立了长远的关系，从 1923 年到过世，一直都担任该委员会的建筑咨询顾问。他所设计的民间建筑包括：在华盛顿特区的美洲国家组织总部（Pan-American Union, 1910）、底特律艺术中心（Detroit Institute of Arts, 1927）、华盛顿特区的福尔杰·莎士比亚图书馆（Folger Shakespeare Library, 1932）与联邦储备委员会大楼（Marriner S. Eccles Federal Reserve Board Building,1935）等等。这些建筑作品都是对称的体量，以简洁的方式呈现欧洲当时所流行的复古与折中主义建筑形式【图 1-1~ 图 1-3 】。

康与克瑞特在宾大过从甚密，对他非常尊敬。1924 年毕业时，康荣获

图 1-1 国家纪念拱门（National Memorial Arch），福吉谷（Valley Forge）国家历史公园，克瑞特，1914–1917

图 1-2 底特律艺术中心，底特律，克瑞特，1927

1-1

1-2

布鲁克设计奖（Brooke Modal for Design）的铜奖。

## 建筑师事务所初体验

康毕业后的第一份工作在费城的莫利特（John Moliter）建筑师事务所，任职一般的绘图员，主要设计警察局、消防队与医院。莫利特也曾到法国巴黎美术学校留学过，建筑风格非常传统保守。

1925 年，费城为了庆祝美国独立宣言签署一百五十周年，规划在 1926 年举办"一百五十周年国际展览"，莫利特负责设计主要的建筑物，他为此成立了专门的设计小组，康也是小组成员，他们设计了 6 幢临时性的建筑物，在钢架上被覆涂上灰泥的木板，让 24 岁的康接触到真实的构筑。所有的建筑物在 1927 年展览结束后全部拆除，展览场地成为公园。

在莫利特建筑师事务所工作一年后，康进入专门设计电影院的威廉·李（William H. Lee）建筑师事务所。事务所的工作无法满足康的创作雄心，让他开始向费城以外的地方寻求设计灵感。

当时有不少来自欧洲的现代建筑师移居美国，例如维也纳建筑师辛德勒（Rudolph Schindler）一开始在赖特（Frank Lloyd Wright）事务所任职，之后在加利福尼亚州开业，1926 年设计的罗威尔海滩别

1-3

图 1-3 联邦储备委员会大楼，华盛顿特区，克瑞特，1937

墅（Lovell Beach House），展现了欧洲现代建筑的一些创新手法：拒绝任何装饰的混凝土与灰泥墙体与大面玻璃，形成强烈的虚实对比效果【图1-4】。另外一位来自维也纳的建筑师诺伊特拉（Richard Neutra）也追随洛斯（Adolf Loos）认为"装饰是罪恶"的主张，1929年同样为罗威尔家族在好莱坞设计了一幢运用预制钢结构的健康住宅（Health House）。康对加利福尼亚的状况是否了解，则不得而知。

图1-4 罗威尔海滩别墅，加利福尼亚新港海滩，辛德勒，1926

1-4

## 与埃丝特相遇

1927年在一次聚会中，康结识在宾大攻读心理学的埃丝特（Esther Virginia Israeli），来自融入美国文化的俄裔犹太家庭，会在家里庆祝感恩节、圣诞节以及华盛顿诞辰日，只过几个犹太人的节日，在逾越节（Passover）则会到朋友家过节。埃丝特担任费城市议员的父亲萨慕尔·伊瑞利（Samuel Israeli）毕业于宾大法学院，是活跃的共和党员，妹妹是医生，弟弟是建筑师；家族的朋友大多是从事法律、医疗或艺术领域。

埃丝特是认真且胸怀大志的学生，学业成绩总是名列前茅。与康在聚会相遇时，埃丝特已经名花有主。康与这对情侣一起搭车回家时，提及他最近买了一本法国雕刻家罗丹（August Rodin）的书，康深受埃丝特所吸引，之后送了一本给埃丝特，庆祝她毕业。虽然埃丝特仍旧与原先的男友继续交往，但同时也与康约会；有一次经过花店，埃丝特因橱窗里的天竺牡丹而停下来观看，过了几天后，埃丝特回家时收到了外送来的一大堆花。康之所以送那么多花，是因为他不知道哪一种花是天竺牡丹，索性就将橱窗里的花都买下来 [3]。

## 欧洲建筑旅行

康在 1928 年春天前往欧洲旅行一年，展开当时美国建筑师视为自我提升不可或缺的一趟建筑之旅。首先抵达英国，之后继续到荷兰、德国、丹麦、瑞典、芬兰，然后到拉脱维亚与爱沙尼亚看他的老家，在只有一个房间的外祖母家中打了将近一个月的地铺。位于波罗的海的萨列马小岛上的城堡仍旧是小镇的焦点，让康留下深刻的印象，影响了他日后对于纪念性结构的重视。

康从爱沙尼亚到德国参观了格罗皮乌斯（Walter Gropius）在柏林完成的西门子城住宅开发计划（Siemensstadt Siedlung）【图 1-5】，之后转往奥地利与匈牙利，并到意大利待了五个月，参观阿西西（Assisi）、佛罗伦萨、米兰与圣吉米亚诺（San Gimignano），塔楼林立的中世纪山城成为日后设计的灵感来源【图 1-6】。之后一路南下，经过罗马到帕埃斯图姆（Paestum）参观公元前五世纪建造的希腊神庙。从一路上所画的许多速写看来，康并不重视细部的描绘，而是刻意表现建筑体量组构的几何关系，将建筑物约简成其形式的本质，并不太在乎再现真实生活。

图 1-5 西门子城住宅开发计划，柏林，格罗皮乌斯，1929–1934

图 1-6 意大利中世纪山城圣吉米亚诺

1930 年 3 月康抵达巴黎，与在费城工业艺术学校的同学赖

1-5

1-6

斯（Norman Rice）碰面。赖斯是到勒·柯布西耶（Le Corbusier）事务所工作的第一位美国人。当时勒·柯布西耶已提出 300 万人的当代城市构想，以 210 米高的 60 层楼塔楼群形成的商业中心，外围环绕着锯齿状的集合住宅，以及结合别墅与公寓的中庭式集合住宅。赖斯后来回忆说，康当时对勒·柯布西耶的作品并不太感兴趣，不过很难想象他会忽略勒·柯布西耶在当时所掀起的一场建筑革命。

## 事业转折与婚姻生活

康在 1929 年 4 月返抵国门，当时美国经济已濒临瓦解边缘。回费城之前，康本来打算要跟宾大的同学、也是在莫利特建筑师事务所的同事杰利内克（Sydney Carter Jelineck）一起合作，不料他在康回国之后就过世了。康进入恩师克瑞特的事务所工作，参与克瑞特正在处理的华盛顿特区的福尔杰·莎士比亚图书馆，负责研究图书馆动线，同时筹划举行欧洲旅行的素描与绘画展览。

在感情方面，康试图与埃丝特重新交往。埃丝特在他离开将近一年期间已经订婚，康回国后发现，大发雷霆，将带回来要送她的礼物全部扔掉。不过埃丝特后来解除了婚约，她跟母亲抱怨未婚夫过于无趣。由于康的家世，埃丝特的母亲反对两人交往，埃丝特则毫不在意。两人在 1930 年 8 月结婚，埃丝特很高兴能摆脱犹太礼仪，不过康的父母仍坚持需要有犹太长老在场。他们到纽约州东北边的阿迪朗达克山脉（Adirondacks）度蜜月后，到加拿大蒙特利尔与魁北克旅游，并经由波士顿到亚特兰大。

正当事业与婚姻两得意之际，1929 年 10 月纽约股市大崩盘带来的经济大萧条，开始冲击康的生活。由于经济日益恶化，克瑞特事务所也无法支持，1932 年康遭辞退，家计全赖埃丝特在大学担任研究助理的工作，为了节省开支，两人搬回埃丝特娘家住，每个月付 25 美元补贴家用。

在接下来的两年，埃丝特扛起家里的一切经济支出，康退而求其次想找一些只是为了赚钱的设计工作，仍旧四处碰壁。此时事业虽一片空白，居家生活却非常愉悦。1931 年 7 月埃丝特在日记中写道："我们一起生活非常美满，很幸运，两人的好恶与兴趣相投，在音乐、戏剧以及朋友之间得到生活乐趣，生活充满了我们所喜爱的事物；彼此深爱着对方，相敬如宾。路是非常完美的爱人，善解人意、可爱、安静、温和、非常聪颖。当然生活还是有不完美之处，钱是极大的问题。"[4]

## 欧洲现代建筑在美国流行

康原本想在展览中卖画，不过并未能如愿；尽管如此，他对绘画的兴趣依旧不减。由于失业赋闲在家，康加入了由一群有哲学思维的建筑师所组成的丁字尺俱乐部（T-Square Club），会长是已经非常有名气的建筑师豪尔（George Howe）。由豪尔领导的丁字尺俱乐部有出版一本追随欧洲现代主义的期刊，康在 1931 年曾发表过一篇《素描的价值与目标》短文 [5]，借由绘画抒发情感。

正当欧洲前卫建筑师在推动现代主义之际，在康所认识的建筑师中，唯独豪尔能力抗当时美国业界流行的折中主义建筑样式风潮。豪尔出身名门，从著名的格罗顿（Groton）中学与哈佛大学毕业，并到法国巴黎美术学校留学。执业初期，豪尔为费城上流人士设计浪漫的中世纪城堡式建筑。1929 年与瑞士出生的现代建筑师雷斯卡泽（William Lescaze）合伙之后，完全改变风格。两人共同设计的费城储蓄基金会（PSFS）大楼，可视为是第一幢真正的现代高层建筑，位于费城市中心，楼高 32 层，由玻璃、钢材与石材，区分出银行、办公室与服务空间；运用现代材料与机能的明确性，寻找表现形式的可能性【图 1-7】。

图 1-7 费城储蓄基金会大楼，费城，豪尔与雷斯卡泽，1929

1-7

1932 年在纽约现代美术馆，由艺术史学家希区柯克（Henry-Russell Hitchcock）与约翰逊（Philip Johnson）共同策展的国际样式展览中，豪尔是极少数受邀参展的美国建筑师[6]。此次展览宣告了欧洲建筑师所发展的现代建筑将成为未来的新流行样式，偏重形式的探讨，忽略了欧洲现代建筑所关注的社会议题。

康则对现代建筑关注的社会议题非常重视，坚信建筑能让世界变得更好。1933 年在宾大的一场演讲中，便曾主张：**建筑的价值在于能成为社会进步的工具。建筑应该要为追求个人与社会的福祉而努力。建筑师不仅只是在设计上将房子盖得更漂亮，更要提出让大众能有更美好生活的设计案**，而不是只为大财团服务，规划如同洛克菲勒中心一样的大规模开发计划。

## 关注住宅设计的 ARG

虽然在工作上不顺利，康依旧保持旺盛的雄心，邀集同样在待业中的同侪，包括一起参与费城一百五十周年纪念展的同事，在 1931 年成立先进建筑协会（SAA），之后改名为建筑研究团队（ARG），希望能在需求的考量下统合最先进的建筑想法。24 位成员每周固定在一间餐厅聚会，讨论当前建筑的发展，包括创新的工程师与发明家富勒（Buckminster Fuller）的想法，康在此机缘下才知道富勒。

如同欧洲现代建筑师一样，ARG 也将建筑议题聚焦在大量生产的集合住宅；由于经济大萧条，导致穷人与失业的人的居住问题成为国家必须面对的首要课题之一。团队成立一个月后，便提出如何更新费城贫民窟的计划，在美化房屋委员会的赞助下，举办了一次野心勃勃的展览。

康与 ARG 成员威斯东（David Wisdom）相交最深，威斯东像康一样，也是在费城长大并在宾大取得学位，比康年轻 5 岁。威斯东之后便一直跟着康一起工作，在材料与构造技术上多有贡献。1934 年 5 月 ARG 解散，康累积了足够的实务经验，符合申请建筑师考试资格，7 月寄出一张 25 美元的支票报名考试，结果因银行存款不足遭退件，

1935 年春天重新申请参加考试才通过 [7]。

ARG 的许多作品受到斯托罗诺夫（Oscar Stonorov）与卡斯特纳（Alfred Kastner）合作在费城设计的工人集合住宅——卡尔马克雷住宅（Carl Mackley Houses）所影响，这是在美国首次出现类似欧洲现代主义的住宅开发计划，广受好评。出生于法兰克福的斯托罗诺夫在佛罗伦萨与苏黎世受教育，并在勒·柯布西耶以及吕萨（Andre Lucat）事务所工作过；在汉堡受教育的卡斯特纳则是在 1924 年移居美国之后，短暂在纽约伍德暨佛尔胡克斯联合事务所（Hood & Fouilhoux）积累实务经验。两人在 1935 年拆伙之后，斯托罗诺夫继续留在费城，卡斯特纳则搬到华盛顿特区去设计政府兴建的住宅案。

由于康在 ARG 所做的一些设计案，让卡斯特纳留意到他对住宅议题的关注。卡斯特纳邀请康参与在新泽西州准备收容从纽约市搬迁过来的工人而兴建的一项住宅设计案（Jersey Homestead）。此时康在费城北边设计的一座犹太会所正在建造中，他一边忙着在工地监工，仍然接受了新的工作机会。这次设计的工厂工人住宅虽然非常简陋，在有限的经费下，只能做出小尺度的空间与简单的构造，但是让康关心如何改善社区生活的想法得以落实。不过整个设计案还没结束，康就被辞退了。设计案完成之后，在纽约现代美术馆展览时颇受好评，包括知名的学者芒福德（Lewis Mumford）也在《纽约客》的专栏"天际线"中赞扬此案 [8]。

## 推动低收入住宅设计

康投入集合住宅设计的努力在 1938 年出现了新的契机。由于费城住宅局赞助一项竞图，针对费城南边衰败地区进行都市更新，因设计费城储蓄基金会大楼而声名大噪的豪尔，邀请康一起合作。豪尔以其响亮的名声负责与外界交涉，康则具有竞图要求的社区工作经验；两人的社会背景相差甚远，反而让两人缔结了在公私两方面深厚的情谊，更胜于康与恩师克瑞特之间的关系。此计划后来因市议会与市长质疑是否值得为穷人花费庞大的投资而夭折。康愈挫愈勇，在往后 3 年间仍在费城大力推动低收入住宅。1941 年在女儿苏安（Sue Ann Kahn）出生 1 年之后，让他具有更强烈的使命感，设计了一系列的工人社区，总户数达 2200 户。

由联邦政府支持的一项战时住宅委托案，促成两人再次携手合作。1942 年在宾夕法尼亚完成 450 户的战时集合住宅，每户造价低于 2800 美元（相当于现在的 33 000 美元），由于造价低廉，被《建筑论坛》刊登报道 [9]。

在豪尔接受公共营建部聘任到华盛顿特区担任顾问与督察建筑师时，斯托罗诺夫加入成为康的合伙人。两人继续从事低收入住宅的设计案，尝试让房间有更多样化摆设的可能性，运用更多元的材料与构造方式，使得建筑物能更具特色。

他们完成的第一件设计案是位于宾夕法尼亚科茨维尔（Coatesville）郊区，为非洲裔的铁厂工人建造的 100 户集合住宅卡韦社区（Carver Court），以混凝土剪力墙将建筑物撑离地面，如同勒·柯布西耶独立柱（piloti）的设计手法，地面层作为储藏与停车空间，以及下雨天时小孩的玩耍空间；不仅《建筑论坛》刊登报道此案 [10]，1944 年更受邀参加在纽约现代美术馆举办的营建展览（Built in USA, 1932—1944），并获得正面的评价，让康首次有机会在媒体前曝光。

## 建立论述

康与斯托罗诺夫的这段合作期间，最主要的成果并非实际的工程建造，而是一些论述的出版。在一家出版社的邀请下，出版了两本以费城作为范例的邻里规划手册，1943 年出版《城市规划为何是你的责任？》[11]，隔年又出版《你与你的邻里》[12]，在书中反对以完全清除的方式解决贫民窟的问题，强调保存与更新既有建筑的方式，重视历史与文化延续性在成功的都市社区所扮演的角色。

1944 年康受邀参加一场希望找寻建筑与都市计划新途径的城市规划座

谈会，发表了以"纪念性"为题，一篇颇具煽动性的文章，开启了他日后言词隽永的个人风格，例如"雕刻显示出界定造型与构造的企图"这类需要让人动动脑筋想一想的说法。

何谓纪念性？康开宗明义界定：**建筑的纪念性是一种品质，源自结构的一种精神性，传达了永恒的情感，一种增一分太多且减一分太少，完全无法加以更动改变的境界。**他所指的纪念性并非规模庞大的体量组构，而是追求完美的构筑形式，例如埃及金字塔、中世纪大教堂、文艺复兴的宫殿以及各种机构的建筑物，都是通过当时可以运用的材料与工程技术所呈现的完美构筑形式，"完全模仿这些伟大的建筑固然不可取，不过我们岂能完全抛弃，从这些伟大的建筑中去学习，未来的伟大建筑也同样会具有的共同特点。"康一方面强调回应材料与工程技术条件，同时也试图延续历史，对现代主义忽视建筑史的重要性提出质疑[13]。

## 迈向建筑大师之路

康长期投入住宅社区的设计，让他成为美国规划师与建筑师学会（ASPA）的会员。ASPA 以结合规划师与建筑师为目标，是在1945 年 1 月成立的一个专业组织，成员包括哈佛设计学院院长格罗皮乌斯、后来出任宾大建筑系的系主任珀金斯（G. Holme Perkins）以及豪尔等知名人士。虽然此学会让康得以跻身建筑界上流社会圈，不过并未对业务带来实质的帮助。

1945 年 8 月，利比 – 欧文斯 – 福特玻璃公司（Libbey-Owens-Ford Glass Company）举办了一次太阳能屋竞图。该公司在 1934 年开发出来一种能抗热胀冷缩的特殊金属合金材料，可以解决双层玻璃填缝的问题，1940 年初开始量产，希望为此新材料找到市场，因此举办了这次竞图。如何以出挑与适当的方位配置，配合使用公司生产的保温玻璃（Thermopane glass），适应特定地区的气候条件，成为此次竞图设计的关键。

正当康与斯托罗诺夫准备参加此竞图时，从哈佛设计学院毕业的一位女性建筑师安妮（Anne Griswold Tyng）加入事务所，康与安妮一起负责此案。由于康认为自己在此案付出较多，康与斯托罗诺夫为了此案的功劳归属问题起了纷争，导致两人分家收场。威斯东与安妮继续跟着康，安妮在康迈向建筑大师之路扮演非常重要的角色，两人更谱出一段长达二十多年的恋情。

康与斯托罗诺夫拆伙之后，接到了一个精神病院以及一些私人住宅的设计案，安妮成为事务所主要的设计支柱，为事务所带来了追求严谨几何秩序的形式走向。1947 年康参与了圣路易斯市举办的杰弗逊国家纪念碑竞图，豪尔担任此次竞图的评审，康的方案未能进入第二阶段，最后是埃罗·沙里宁（Eero Saarinen）以简洁的拱圈设计案，从 170 位参加者中脱颖而出【图 1-8】。

## 到耶鲁大学任教

竞图结果虽然让康非常失望，不过失之东隅，收之桑榆，康获邀到耶鲁大学艺术学院任教，让他有机会整理之前的设计实务与工程经验，进一步统合之前对知性与艺术的爱好。

哈佛大学设计学院在格罗皮乌斯带领下向现代主义迈进，耶鲁大学受到此影响，原本仿效法国巴黎美术学校的建筑教育方式也开始动摇。不过自 1922 年就担任艺术学院院长的米克斯（Everett V. Meeks）对现代主义并无好感，由于教育方针不明确，导致许多专任教师与校方产生争执，最后辞去教职。米克斯开始聘任访问教授，邀请校外人士参与设计教学，希望通过杰出的业界人士来提升耶鲁的学院环境。不过学院彻底的改变则是等到 1947 年米克斯退休之后才真正发生。

1948 年 1 月耶鲁校长西摩（Charles Seymour）成立艺术群组，整合校内的艺术相关科系，包括建筑、绘画、雕塑、戏剧与音乐。接任米克斯的院长是耶鲁大学 1929 年毕业的校友索耶（Charles Henry Sawyer），校长所提出来的重整计划，让身为艺术史学家的新任院长认为，自己能扮演催化剂的角色，将艺术领域结合起来，促进彼此之间的交流。

索耶聘任有实务经验的建筑工程教授郝夫（Harold Hauf）出任建筑系系主任，规划建筑课程，积极聘任知名建筑师，每周来学校上两次设计课。郝夫延揽了业界的重量级人士斯通（Edward Durell Stone）负责高年级设计，斯通与古德温（Phillip L. Goodwin）在 1939 年共同完成纽约现代美术馆，建立了他在业界的声望【图 1-9】。

另外巴西建筑师尼迈耶（Oscar Niemeyer）也是郝夫极力想邀请来带设计课的理想对象，不过因为他无法入境美国，康成为临时的替补人选。相较之下，康的实务经验并不出众，他之所以会引起郝夫注意，是因他在战时出版的低收入住宅的两本书，以及他在美国规划师与建筑师学会的经历。对学生而言，康的知名度远不及之前带过设计课的哈里森（Wallace Harrison）或埃罗·沙里宁，因此学生们对校方决定的人选感到非常失望，不过康很快就成为受学生欢迎的老师并受到校方重视。

学生们回忆，康总是一手拿着炭笔，另一手拿着短雪茄，烟灰常常掉在学生的图纸上，有时烟灰与炭笔画的东西会混在一起。康教学生做设计

图 1-8 杰弗逊国家纪念碑，圣路易斯市，埃罗·沙里宁，1963–1965

图 1-9 纽约现代美术馆，纽约，斯通与古德温，1937–1939

1-8          1-9

的方法是：以快速的草图掌握设计最根本的理念，再进一步发展形式。他对学生的要求很严格，希望学生能不断地挣扎做出一开始的理念，重新思考问题，找出新的解决方法。虽然他与学生总是保持距离，不太容易亲近，不过仍广受学生欢迎，一年内就被聘为主要的设计老师，负责统合其他设计老师，包括业界赫赫有名的建筑师贝鲁斯基（Pietro Belluschi）与斯塔宾斯（Hugh Stubbins）。

郝夫在1949年辞职去担任《建筑记录》（Architectural Record）的主编。康向学院游说由豪尔担任系主任，索耶在征询过埃罗·沙里宁、斯通与郝夫之后，大胆地聘任豪尔。当时豪尔已是63岁、半退休状态地待在罗马的美国学院，担任驻学院建筑师。豪尔欣然接受，在1950年一月走马上任。对康而言，老友豪尔是耶鲁建筑系系主任的不二人选。犹太裔的背景让康无法打入精英圈子，而豪尔就是不折不扣的精英份子，除了在实务上两人有过合作的经验，在豪尔的加持下，康的社会地位得以大大提升。

图1-10 向正方形致敬：如春的，亚伯斯，1957

索耶为了让艺术学院的科系之间有更多的交流，聘任了曾任教德国包豪斯学校的画家亚伯斯（Josef Albers）出任新成立的设计系主任，负责整合建筑、雕塑与绘画基本课程，规划的图案设计新课程引发许多老师的反对，担心耶鲁的传统将被包豪斯强调跨领域学习的方式所取代。亚伯斯创作了一系列著名的极简主义作品《向正方形致敬》，他的教学影响了许多美国现代艺术家【图1-10】。

当亚伯斯大动作进行课程整合时，豪尔也开始正视建筑系的课程问题，认为应设法激发一年级学生的建筑创造潜力，因为建筑学校最主要的目的是培养建筑师，而非事务所的绘图员。他聘任了一位没有学

1-10

历背景而有丰富实务经验的纳尔（Eugene Nalle）负责一年级课程，让学生通过如何运用材料——尤其是木材与石材——学习基本构造，要学生完全摆脱模仿建筑杂志上流行样式的做法，这使当时刚到耶鲁任教的建筑史学家斯卡利（Vincent Scully）认为纳尔是个讨厌书本的人。康与纳尔并没有私交，虽然他认为纳尔按部就班式的设计操作方法缺乏派头，不过他们都重视"从材料出发思考设计"的方式。由于纳尔欠缺学术背景，康则欠缺家世背景，两人也都同样被当作局外人。

除了重整课程之外，豪尔也继续推动邀请业界知名建筑师担任设计兼任老师的政策，包括曾在杰弗逊国家纪念碑竞图击败康的耶鲁校友埃

1-11

1-12

图 1-11 玻璃屋自宅平面图，纽卡南，约翰逊，1949

图 1-12 法恩斯沃夫住宅，普莱诺（Plano），密斯，1945-1951

罗·沙里宁，以及纽约现代美术馆建筑组首任的主任，1949 年在纽卡南（New Caanan）仿效德国建筑师密斯（Ludwig Mies van der Rohe）设计玻璃屋自宅而声名大噪的约翰逊【图 1-11、图 1-12】。

20 世纪 50 年代初，约翰逊在耶鲁的教学强调建筑史的重要性，一反纳尔以材料作为基础的教学方式，从分析密斯与勒·柯布西耶作品的形式作为设计基础；虽然他与学生常有冲突，不过约翰逊对有艺术天分的人具有慧眼识英雄的能力。他与康早在来耶鲁之前就认识，非常支持康。另一位被延聘的名人是工程背景出身的富勒，他与康早在大萧条时期就认识，两人在耶鲁教书时交往密切。

## 罗马美国学院驻院建筑师

1950 年 2 月，康受到了罗马美国学院（American Academy in Rome）主任罗伯茨（Laurance P. Roberts）的来信，邀请他担任驻学院的建筑师，指导建筑学员，跟他们一起参观旅行，可以有充分的个人时间做自己想做的事。

该学院是美国著名的文艺复兴与复古建筑师麦金（Charles Follen Mckim）在 1894 年所创立的学术研究机构。麦金曾到巴黎美术学校留学，与巴黎美术学校年度罗马大奖竞赛得主能到罗马法国学院（French Academy in Rome）研习古迹三年的制度不同，罗马美国学院只提供有潜力的年轻艺文人士一年的时间留驻学院。该学院成为美国艺文人士向往浸润在古典传统的天堂。学院在第二次世界大战期间曾关闭，在罗伯茨的带领下，学院得以恢复往日的盛况，鼓励现代主义倾向的艺术家来此驻院。

康在 1947 年时就曾通过约翰逊推荐，希望争取到学院驻留的机会，可能是因为他过于年长的关系，申请过程遭到搁置，一直没下文；豪尔又帮忙写了一次推荐信给学院，由于豪尔是第一位现代建筑师受邀担任驻学院建筑师，在学院颇具分量，让康得以圆梦。

将事务所交由安妮与威斯东继续完成一些案子，康在 1950 年 12 月到了罗马。康在学院里结识了驻院的考古学者布朗（Frank E. Brown），后者也是从耶鲁来的一位艺术史学家。除了自己参观意大利古迹之外，康也在学院的安排下做了长途的参观旅行。到希腊与埃及参观了卡纳克神庙、阿斯旺的神庙与金字塔，也到马赛看了兴建中的马赛公寓（Unité d'Habitation），让他不仅对勒·柯布西耶开始产生好感，同时也看到了钢筋混凝土的潜力【图 1-13】。

康第一次看到这些古迹是在 27 岁的时候，相隔二十多年，如今看在年已 50 岁人的眼里，有非常不一样的感受，使他重新燃起了对古典建筑的热爱。在第二次世界大战结束 5 年后，欧洲许多地方仍旧是满目疮痍，看到幸免于难的古迹，更让康感受到从中散发出来历经时代考验的内在固有的美感。从他在旅行中所画的素描可以看出，早年偏向图像，现在则强调形式与材料所隐含的构思，呈现康追求的"艺术境界从具象的外在转向抽象的内在"的轨迹。在这趟三个月的旅程中，康领略了一种固有的价值观。在 1951 年 3 月从罗马返美时，康写下一句话：**一幢建筑物不可量度的精神，有赖于其可量度的实际情况与构件**[14]。

1-13

图 1-13 马赛公寓，马赛，勒·柯布西耶，1947—1952

## 耶鲁美术馆扩建

原定在罗马美国学院留驻一年的计划，由于耶鲁校方通知要由他设计美术馆增建而提早结束。1926 年由史瓦特伍特（Egerton Swartwout）设计的美术馆，是耶鲁大学的艺术收藏品主要的展示空间，由于校方要求配合校园建筑风格，外观上呈现新哥特建筑样式【图 1-14】。20 世纪40 年代，艺术在美国开始蓬勃发展，第二次世界大战之后，美国取代了法国登上艺术创新的领导地位，带动了大学校园里的艺术发展。

耶鲁美术馆的扩建计划早在 1941 年就已经展开，耶鲁大学在当时收到来自无名者协会（Societe Anonym）超过六百件美国与欧洲 20 世纪艺术家作品的捐赠。艺术协会是由德莱厄太太（Katherine Dreier）、雷伊（May Ray）与杜尚（Marcel Duchamp）在 1920 年所创立，在 1920 年到 1940 年间举办过 80 场展览，以推广抽象艺术为宗旨。德莱厄太太决定捐赠的大批收藏品，让耶鲁大学顿时成为现代艺术的重镇。耶鲁现有的展览空间无法陈列所有的收藏品，加上二战之后的退伍军人涌入学校就读，让教学空间也同样捉襟见肘。

图 1-14 耶鲁美术馆旧馆，纽黑文，史瓦特伍特，1926–1928

1-14

1907 年毕业的耶鲁学院校友古德温，1939 年与斯通设计的纽约现代美术馆，让他顺理成章负责美术馆扩建的设计。因二战而停摆的计划，在 1946 年到 1950 年间又重新开始运作。由于学校担心先前的空间需求已无法满足现状，要求重新调整，古德温因眼疾须开刀，且不满校方不断改变空间需求，而终止委托关系。

担任兴建工程委员会主席的艺术学院院长索耶，必须立刻找新的替代人选，第一个想到的是：校方的咨询委员、同时也是耶鲁校友与建筑系聘任专门带设计课的建筑大师埃罗·沙里宁。不过他当时正忙于密歇根州通用汽车公司技术中心的大规模设计案，校园里的小案子无法引起他的兴趣，同时他觉得，校方对此设计案已有定见，在建筑上很难有挥洒的空间，便建议由康承接。

另一位同样在建筑系带设计课的建筑大师约翰逊，也是受瞩目的替代人选，不过豪尔显然是全力支持康的。在索耶与豪尔的推荐下，最后由 1950 年刚上任的校长格里斯沃尔德（A. Whitney Griswold）做出了让许多人感到非常意外的决定。当时实务经验相对薄弱的康，引起不少负面的质疑，前建筑系系主任郝夫便认为，此案的建筑师非埃罗·沙里宁莫属，康接下此案，注定是二流建筑师完成二流的作品 [15]。校方也同样担心康实务经验不足，同时也请了当地的建筑师欧尔（Douglas Orr）——1919 年毕业的校友，还曾当过美国建筑师学会会长——与康一起合作，借此消除外界的疑虑，并确保本案得以顺利进行。

康对业主本来很放心，豪尔明确地跟他说了建筑物要多长多宽，甚至柱距尺寸；索耶则强调弹性使用的空间需求，一半的空间提供教学空间使用，最好能像仓储空间一样，另一半作为收藏与展览用途，长远目标是希望，将来有多余的教学空间出现时，能让整幢建筑物成为美术馆。

由于交通噪声以及南向光线不利于展览品，康改变了古德温原先的设计方案，将大面开窗的立面，改成暗示楼地板高度的四条石材带状分割线的单纯砖墙，北向与西向则是钢窗条分割的整面玻璃帷幕墙，面向户外展示雕塑花园，与低调匿名的街道立面形成强烈的对比。在内部空间，康将厕所与楼梯等服务性空间集中在中央位置，形成一条长方形带状空间，让两侧的教学空间与展览空间保有最大的使用弹性。明确的空间轴向性，反映了康在宾大所接受的法国美术学校式的建筑教育训练，更播下了日后发展的"服务性空间与被服务空间各得其所"的空间组织想法的种子。

位于带状服务空间围蔽的主要楼梯的圆筒状体量，清晰可见地凸出屋顶；圆筒状的楼梯间上方有一片三角形混凝土板，遮挡来自上方高侧窗的光线，让楼梯间能有柔和的间接自然光线，如同雕塑一般；内部三角形的阶梯，配合精心设计的栏杆，让上下楼梯得以感受到戏剧性的空间体验【图 1-15~ 图 1-17】。室内的空心砖墙面并非市场上 2.44 米×4.88 米（8 英尺 ×16 英尺）的标准规格，而是特别定做的 1.22 米×1.83 米（4 英尺 ×6 英尺），以配合展示空间艺术作品的尺度，刻意保留内部混凝土灌浆留下来的模板痕迹，显示施工过程，柱子与墙面的收头也清楚呈现，成为重要的视觉元素。

古德温原先设计的是一幢钢构的建筑物，不过当时正值朝鲜战争期间，杜鲁门政府规定，金属材料只能用于重要的建筑物，例如学校教室，但不包括美术馆。为了满足此项规定，校方将美术馆空间也标示成教学空间；不过这项限制反而激发了康运用混凝土发展出特殊的楼板构造。特

图 1-15 耶鲁美术馆，纽黑文，路易斯·康，1951–1953 ／凸出屋顶的服务空间体量

1-15

图 1-16 耶鲁美术馆，纽黑文，
路易斯·康，1951-1953 ／圆
筒状楼梯间上方高侧窗

图 1-17 耶鲁美术馆，纽黑文，
路易斯·康，1951-1953 ／圆
筒状楼梯间内部

殊设计的金字塔形金属模版，浇灌出如同三角形单元构成的金属空间桁架整体结构的楼板，在浇灌混凝土拆模后，会留下三角形的孔洞，还可以走电线与空调管道，开启了康运用构造整合设备管线的探索大门。

"我们应该更努力找寻无须加以遮掩的结构方式，解决设备空间的需求，将结构遮盖的天花，抹去了空间尺度……与照明及音响材料混在一起的天花，将乱七八糟的管道全部隐藏起来。"[16]康希望机械与结构系统都能清楚呈现，各得其所。

## 事业与情感的关键人物安妮

令人耳目一新的耶鲁美术馆楼板创意，并非完全出自康，大半得归功于一起发展此案的安妮。她自1945年加入事务所之后，不仅成为康重要的事业伙伴，也是公开的恋人。安妮从小便喜爱建筑，先后在拉德克利夫（Radcliffe）以及哈佛设计学院就读，是格罗皮乌斯与布劳耶（Marcel Breuer）的门生，毕业后曾在纽约结构工程师瓦克斯曼（Konrad Wachsmann）的事务所短暂工作，之后搬到费城。顶着一头金发、双眼带着坚定锐利眼神的迷人女子，是路易斯·康事务所唯一的女性工作伙伴。

安妮对康非常着迷，她从康如火一般的眼睛看到了他脸上伤疤的背后，"他像是一位没有领土的国王，如果他想要开疆辟土的话，我将会为他效力。"[17]安妮在哈佛求学期间就喜爱探索几何学的象征意义，并从中发展形式潜在的可能性，让她与康心灵相通。

从1951年到1953年，安妮是设计耶鲁美术馆的主要负责人，1952年3月底施工图完成之后，康面对楼板要重新设计的难题，绞尽脑汁苦无对策时，安妮发展出了类似空间桁架系统的混凝土构造。"我说服了康，利用三角形的空间桁架，解决耶鲁美术馆的楼板与天花结构。"[18]康在耶鲁的学生卡林（Earl Calin）毕业后在路易斯·康事务所任职时，担任事务所与耶鲁校方的联络人，熟知此案的发展，也认同安妮扮演的关键性角色。

耶鲁美术馆类似金属空间桁架的混凝土楼板与天花结构，让人不免联想到，富勒以三角形单元构成的全张力杆件的球体结构，应该也是灵感的来源之一。1952 年富勒受邀到耶鲁任教时，便曾在系馆顶楼用卡纸做了一个测地线圆球体结构（geodesic dome）【图 1-18】。虽然富勒是康在耶鲁交往密切的同事，不过此事康并未求助于他。安妮对富勒所发展的三角形结构应该也不陌生，但是她的灵感比较是来自于在瓦克斯曼事务所短暂的工作经验，当时瓦克斯曼正在发展以工业化大量生产的金属圆管杆件构成正四面体的结构单元，创造三向度桁架结构系统（Mobilar structural system）。

安妮 1951 年在一所小学的设计案中，也曾以三角形的空间桁架结构，创造大跨距的建筑空间。桁架结构已普遍应用在 19 世纪的桥梁结构，富勒与瓦克斯曼两人的创新在于：运用正四面体的结构单元组成立体的空间桁架结构系统。

当耶鲁美术馆的设计顺利进展之际，康与安妮两人的关系因为安妮怀孕产生了变化。康显得完全不知所措，由于未婚生子在当时仍被视为是件丢脸的事，两人决定让安妮独自到罗马生下第二个女儿，从母姓取名为亚历山德拉（Alexandra Tyng）。安妮在罗马待产期间，与康两人鱼雁往返频繁，1997 年安妮将保存的书信整理出版，康图文并茂地与她讨

1-18

图 1-18 蒙特利尔水资源馆，表现富勒测地线圆球体结构系统，1990 年依照富勒在 1967 年蒙特利尔世界博览会设计的美国馆重建

论手里正在进行的设计案，可惜的是，安妮的回信都被康"毁尸灭迹"
了，无法完整还原两人当时联络内容的全貌 [19]。照大女儿苏安的说
法，母亲虽然知道父亲出轨，却装不知道，康也绝口不提此事。而且，
"母亲自己也有稳定交往的男性友人，不知道父亲是否真的不知情？" [20]

## 耶鲁美术馆结构设计

另一位参与耶鲁美术馆楼板结构设计的人，是当时在耶鲁建筑工程
系任教的结构工程师普菲斯特尔（Henry Pfisterer），他是此案的结
构顾问，负责解决楼板结构强度的问题。据 1951 年毕业的学生米拉
德（Peter Millard）所言，普菲斯特尔认为康很有魅力与才华，不过对
结构则一窍不通。经过几次修正之后，楼板才从传统的梁柱结构系统转
变成真正的空间桁架结构系统。为了慎重起见，豪尔建议普菲斯特尔
进行压力试验。在测试过程中，康重演了 1939 年赖特在约翰逊制蜡大
楼（Johnson Wax Building）混凝土荷叶形状支柱进行结构测试时的
戏码，宣称在测试的时候，自己将很高兴坐在支柱下面喝茶。结果没有
意外，楼板顺利通过测试。

路易斯·康事务所参与此案的人员卡林认为，楼板结构其实就只是一根
主梁，其他的都只是装饰。康避谈空间桁架结构，而称楼板是三向度的
构造。米勒德却认为康不知道自己在说什么！事实上，康在楼板设计的
成就并非结构工程的问题，而是设备管线的整合。普菲斯特尔从结构工
程师的角度认为，楼板结构系统是建筑表现，而不完全是结构问题；天
花的孔洞形成三度空间的阴影效果，的确让展览空间更具有视觉效果。

虽然普菲斯特尔对楼板的结构不以为然，不过，如何计算四面体楼板
结构系统的承重，却考倒了他，康转而向费城著名的结构工程师格
瑞维尔（William Gravell）求助。格瑞维尔本人因为身体状况欠佳，
推荐了事务所里较年轻的两位结构工程师吉亚诺普罗斯（Nicholas
Gianopulos）与莱迪夫（Thomas J. Leidigh）给康。之后吉亚诺普
罗斯也成为康经常咨询的结构工程师。

康在楼板灌浆之前排管线时，自己在现场监工，由于看不惯工人做事过于草率，还爬上鹰架亲自示范如何将管线排得整齐划一，虽然是灌浆之后根本看不到的东西，康也是一丝不苟。康对设计所有的细节都是一丝不苟，室内的采光也特别找耶鲁毕业生凯利（Richard Kelly）当建筑照明顾问。

耶鲁美术馆兴建委员会主席索耶，记得有一天晚上与其他的委员挑灯夜战到凌晨三点，跟康讨论照明问题，得到满意的答复之后才回家睡觉。隔天早上九点到办公室时，发现康继续熬夜到六点，将所有问题又重新想了一遍。即使是在工程开工后，康仍会继续想新的方案，营造方对他经常改图面，又迟迟交不出图，日渐失去耐心，对康非常不客气甚至故意刁难 [21]。

1953 年 11 月 6 日建筑物正式启用，引发外界的重视，以耶鲁美术馆作为该期杂志封面的《进步建筑》（Progressive Architecture），出现了七封读者投书，热烈回应封面建筑物，其中包括来自哥伦比亚、哈佛、宾大与普林斯顿大学的知名人士。宾大建筑学院院长珀金斯（Holmes Perkins）盛赞此建筑"巧妙地整合空间如同一部高效率的机器"，并认为康的耶鲁美术馆是"一种自由传统的创造以及耶鲁所标榜的无惧的知识分子的探究"；不过普林斯顿大学建筑系系主任麦克劳格林（Robert Mclaughlin）则认为，康诚实表现材料与结构系统，做得太过头了，"这种做法难以持久。" [22] 纽约的《先驱论坛报》也赞扬耶鲁美术馆是"杰出的学术性远胜于现代建筑运动的作品" [23]。数月之间，康从原本默默无名的耶鲁教授，已逐渐向设计大师之路迈进。虽然名声日渐响亮，不过与耶鲁校方的关系日益恶化。

## 回母校宾夕法尼亚大学

一直支持康的耶鲁系主任豪尔，因身体健康的因素在 1953 年请辞，他曾推荐由康接任。但或许是觉察到豪尔退休之后耶鲁建筑系将会有重大的改变，自己将难以掌握，康推辞了豪尔的美意。豪尔退而求其次找了自己的门生许维克哈（Paul Schweikher）接手。康在写给安妮的信中曾提及此人："他不太笨，但很难让他热络起来！"[24]

1954 年宾大院长珀金斯力邀康回母校任教，康十分犹豫。由于在耶鲁再也没有人会像豪尔一样地支持他了，便决定离职；豪尔请来负责一年级设计、强调从材料出发训练基本功夫的纳尔，被认为不合时宜，也同样去职。期间康因耶鲁建筑史教授斯卡利的推荐，曾短暂到麻省理工学院任教。

许维克哈在耶鲁建筑系系主任的位子只做了两年就离职，康再次被征询接手系主任一职。由于他希望能累积更多的实务经验，加上耶鲁美术馆工程延宕的问题，校方不可能再给他新的设计案，便再次婉拒，依旧留在耶鲁当兼任教授。不过当鲁道夫（Paul Rudolph）在 1957 年接手系主任之后，耶鲁美术馆的馆长里奇（Andrew C. Ritchie）在完全未知会康的情况下，改变了圆筒状楼梯的隔墙，并将美术馆里原本活动式展板换成固定的石膏板，让康火冒三丈，认为原本的设计完全遭到破坏【图 1-19】。康曾写信给校长格里斯沃尔德，希望当面向他说明，不过

图 1-19 耶鲁美术馆，未配合内部构造系统增设的固定展板，纽黑文，路易斯·康，1951–1953

得到了冷淡的回应，甚至认为此幢建筑物已经与他没有关系了，这使康觉得没有理由再继续留在耶鲁，终于接受宾大设计学院院长珀金斯的邀请，回母校任教。

珀金斯毕业于菲利普斯·埃克塞特学院（Phillips Exeter Academy）、哈佛学院以及哈佛设计研究所，曾在格罗皮乌斯主管的哈佛设计学院讲授"城市与区域计划"课程，1950 年，年仅 46 岁的珀金斯便受聘为宾大设计学院院长，往后 20 年间在他大力整顿之下，让宾大建筑系成为美国最有活力的建筑学府。

由于康在教学上素以非正统的老师著称，珀金斯特别规划了一个只有高年级的学生才能选修的新课程"大师设计工作室"（Master's Studio），搭配老同学赖斯（Norman Rice）与法国结构工程师勒黎果雷（Robert Le Ricolais）协同教学，让康可以尽情发挥。

表面上看来，康与珀金斯的关系，似乎与之前他在耶鲁与豪尔的同事关系一样。珀金斯的确和豪尔一样是美国典型的"新流派"，都有优异的教育背景，对珀金斯而言，优雅是逻辑的伦理、美学的思考与行动方式。康与他经常争吵，在珀金斯的眼里，康是个不切实际、爱做梦的人。宾大建筑系并没有系主任，而是由院长直接负责系务，珀金斯觉得过于大牌的康让他难以掌握。

如同之前在耶鲁上课一样，康仍旧花很多心思指导学生做设计，也很快获得学生所喜爱。康反对学生模仿勒·柯布西耶在屋顶上做特殊的造型。他会在陈列学生作品的地方来回走动，撕下没有个人创意的设计图面，将之揉成一团丢到地上之后，再踩上一脚，让学生心生畏惧。

每当他走进设计教室时，教室顿时鸦雀无声。康走起路来，有点像卓别林一样左摇右晃，经常用手去调整在鼻梁上圆形镜框的眼镜，他的眼镜镜片厚得像可口可乐瓶底一样。一身黑西装，带着结打得特别大的蝴蝶结。学生觉得他的眼神像"圣诞老人"一样在教室里打转，突然之间就指着一个学生问，暑假做了什么？当学生兴高采烈讲述去参观赖特的落水山庄，把它说成是住宅的大教堂时，康却无动于衷。赖特从来都不是康的菜，一位在路易斯·康事务所工作超过十年的员工说，他从未听过康提及赖特。大女儿苏安也说："父亲经常提及勒·柯布西耶，但从未跟我谈过赖特。"[25]

对康而言，宾大的设计课程比较务实，不像耶鲁那么学院化。他会把事务所正在处理的设计案带到学校让学生操作，如果碰到学生做出好的结果，就会直接用到他的实际设计业务上，宾大的教学可说是与他的事务所工作连成一体。康可能在下午回家，晚上十点半又是新的一天开始。当他累的时候，就睡在办公室的长板凳上，几个小时之后又回到图桌上，甚至直接从办公室送洗衣服。周末照常工作，除了在秋天时的星期天下午，康会买季票去看宾大的橄榄球赛，员工从不知道他什么时候会从球场回来，通常会一直等到他进事务所。超时工作是常态，员工常开玩笑说，每周工作从第八十一小时才算加班。

此种工作形态对有家庭的员工造成极大的压力。康自己有无穷的精力，无法理解别人为什么没有这种干劲，他比事务所任何人都更拼命。康的事务所比较像是艺术家工作室，他总是穿着皱皱的西装，打着歪在一边的黑色蝴蝶结，看起来像是一位哲学教授而不是建筑师，讲起话来喜欢用寓言，猜谜式的说话方式，让人的脑筋得转好几圈，也不一定有办法了解。例如"一匹涂上条纹的马并不是斑马"、"一条街道想成为一幢建筑物"之类的话。不过他的学生与员工并不认为康的头脑有问题！康常常会对员工依照他的指示而发展出来的结果感到失望，虽然他总是保持着笑脸，也不会说什么，不过从他的脸部表情就可以看出他不喜欢，他整张脸皱起来的样子，就像是看到一坨牛粪一样的表情。

## 想玩大的：城市规划

在大萧条时期，当时待业中的康对城市规划产生兴趣，在宾大让他有机会重新回到此议题。康一开始是受 1949 年出任费城城市规划委员会主席培根（Edmund Bacon）所鼓舞。培根毕业于康奈尔大学建筑系，是活力十足、脾气火爆的人物，自认为是特立独行的思想家并以此而自豪，对城市抱持着远大的愿景。培根把康当成是一个理想的合作对象，他需要一位好的建筑设计师与他配合；两人刚认识时，培根认为自己负责规划，康可以帮忙执行细部设计。不过康对计划需求毫不妥协的性格，让两人的合作关系很快就告吹。在外人看来，两人无法合作，是因为培根害怕自己的光芒被康所掩盖。

拆伙之后，康无心继续发展原先在进行的费城计划，1954 年 6 月在《进步建筑》所发表的费城新市政厅计划中的"城市塔楼"，是康与安妮继续发展四面体格状结构的成果，由正三角形所构成的 14 层楼高的大型结构体，如同是小孩子组装起来的玩具，打破了传统高层建筑总是像盒子一样的体量【图 1-20】。

大尺度的案子胎死腹中之际，康接到了一个小案子，位于新泽西州城市边缘的小镇上，一个社会服务组织的社区中心，虽然只是一个小小的设计案，却对康日后的建筑生涯产生关键性的影响。

图 1-20 费城新市政厅计划中的"城市塔楼"设计案模型，路易斯·康，1952–1957

041

康虽生于犹太家庭也娶了犹太妻子，不过他从未遵循犹太人的礼俗，既不排斥也不会特别去庆祝犹太节日，他的朋友也很少注意到他的犹太背景。尽管如此，犹太背景倒是让他跟一些业主能有比较好的关系，例如特棱顿（Treton）犹太社区中心委员会。由于成员不断流失，该组织在城市外围成立聚会所，委托康为他们设计新的设施，康在 1954 年承接了此案。由于委员会主席萨兹（H. Harvey Saaz）正好是耶鲁校友，康认为是个好兆头。康曾担任纽黑文（New Haven）犹太社区中心的顾问，是他之所以能被选上的原因。原本以为可以大展身手，不料经费短缺，最后只能建造一间更衣室以及与游泳池相联结的四间小亭子。

1-20

图 1-21 圆楼别墅，维茜查，帕拉第奥，1565-1569

图 1-22 圆楼别墅，维茜查，帕拉第奥，1565-1569 / 平面与立面几何关系

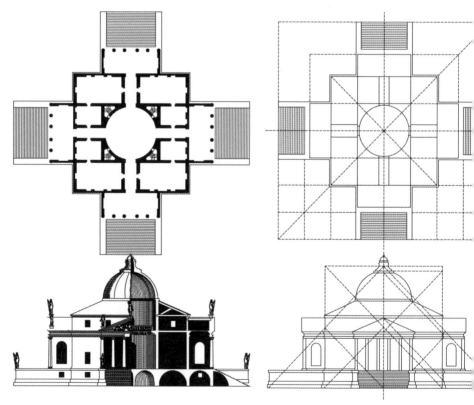

1-23

图 1-23 犹太社区
中心更衣室，特棱
顿，路易斯·康，
1954–1958（平面
图见图 2–8）

## 从小实践：特棱顿更衣室

受钻研意大利文艺复兴建筑的建筑史学家威特科尔（Rudolf
Wittkower）所影响 [26]，康在 20 世纪 50 年代初期曾提及帕拉第奥的
别墅设计，尤其是圆楼别墅（Villa Rotunda），具有严谨的棋盘式平面
空间组织，其中机械的服务性与住家的被服务性空间，都能在其中得到
适当的安排【图 1-21、图 1-22 】。康也在 1955 年论及纯粹的棋盘式
模矩，他认为："密斯的方案并不周全，无法包含声音、照明、空气、
管线、储藏、楼梯、垂直与水平的管道间以及其他的服务性空间，他的
结构秩序只是建筑物的框架，而未涵盖服务性空间。" [27]

在特棱顿，康将此想法以三向度空间加以呈现。更衣室以正方形的内庭
为中心，四边环绕着四个金字塔形的屋顶，原本的设计是钢筋混凝土构
造的屋顶，后来改为木构造，每个屋顶由四个角落的方形空间——康所
称的"中空柱子"（hollow columns）——所支撑，形成严谨的对角线
几何关系。中庭四个角落的"中空柱子"成为淋浴间与更衣间的入口，
回转的入口动线处理，使得没有门扇的入口仍可以满足私密性的需求；
内侧的"中空柱子"则是厕所与洗手台【图 1-23 】。

由严谨的几何秩序建构的简洁设计，巧妙地将机能与空间元素完美结合在一起，整个设计没有任何多余的元素，可以删减而不破坏局部与整体之间的完整性，再次展现了耶鲁美术馆发展的想法：明确界定服务性与被服务性空间。特棱顿更衣室的空间明确性，同样得归功于安妮对严谨几何形式的追求，如同耶鲁美术馆一样，创造出既古典又现代的空间。20 世纪 70 年代担任耶鲁建筑系主任的后现代建筑师摩尔（Charles Moore）在 1986 年接受访问时便认为："此作品并不是世界上最漂亮的十幢建筑之一，却是最重要的十幢建筑之一。"[28] 康在 1970 年接受《纽约时报》访问时则说："**在设计特棱顿小小的一间空心砖更衣室之后，我发现了自我。**"[29]

## 让结构与建筑巧妙结合

1957 年 2 月，康接受了宾大校方委托设计一幢医学研究大楼，埃罗·沙里宁原本也是考虑的人选，由于院长珀金斯的支持，康才得以顺利承接此案。理查德医学研究实验室（Richards Medical Research Laboratories）最早的名称是以宾大的一位老师命名的。由于实验室的使用者包括不同科系的人，每个系都有不同的需求，大家的意见还必须由院长与副校长审核；业主是一个委员会，没有任何人可以全权负责。康也组了一个设计团队，包括在宾大任教的景观建筑师麦克哈格（Ian McHarg）、设备工程师杜宾（Fred Dubin），以及结构工程师科门登特（August Komendant）协助宾夕法尼亚州的结构设计公司（Keast & Hood）。

结构工程师科门登特，原籍爱沙尼亚，在德国德累斯顿科技大学取得博士学位，1950 年移居美国，在新泽西州成立顾问公司，以预力混凝土结构设计著称。科门登特发展出"在混凝土浇灌之前先施加预力"的结构工程技术，之后又发展了"浇灌之后施加"的预力混凝土技术。施加预力的混凝土技术，在预制构件上极为有用。他经常以"人用双手的挤压力量便能将一整堆书举起来"作为说明预力作用的例子。他与康在 1957 年初因为芝加哥大学的一次竞图（Enrico Fermi Memorial）而结识，可能是因为同乡之谊，两人很快建立深厚的友情，从此展开 18 年的长期合作关系。

科门登特并非造型的赋予者，康虽然重视细部，但没有数学的分析能力，两人的合作正好可以产生相辅相成的作用，让结构与建筑得以巧妙结合。虽然芝加哥大学的竞图遭受挫败，不过康对混凝土预力构件的技术大为着迷。在科门登特的眼里，康对结构工程一无所知，欠缺对结构与材料的基本知识，以及结构的物理特性。尽管如此，他认为康是孺子可教也。"他们两人经常争吵，互骂对方白痴，不过康非常乐意接受新的想法，能倾听别人并从中学习。"[30]

理查德医学研究实验室的平面计划非常清晰，由主要楼梯、电梯间、厕所等服务性空间形成的核心，以三条走道向外连通科学实验室；科学实验室为在井字形结构的平面单元，周边有独立外挂式的楼梯间、管道间与排放有害气体的风管。在设备工程师杜宾完成设备规划之后，科门登特便着手混凝土结构设计，由预浇注混凝土的柱、梁与弗伦第尔桁架（Vierendeel truss），构成一套复杂的结构系统。弗伦第尔桁架是比利时发明家在 19 世纪所发明的一套结构系统，在梁上有开口的结构框架，孔洞正好可以走管线，如同耶鲁美术馆的楼板一样，以结构整合设备管线。运用预铸工法，让混凝土结构的施工可以像金属结构一样，所有的构件都在现场进行组装，精确度让人佩服【图 1-24】。

1-24

图 1-24 理查德医学研究实验室，费城，路易斯·康，1957-1964

康、科门登特与杜宾三人，在空间、结构与设备上做了超级完美的结合。九宫格的井字形结构，在四个角落以出挑的方式向外延伸，梁深逐渐缩小；外观上，柱子也是预制构件与出挑的梁搭接在一起，三组预力的钢索分布在垂直管道内侧，外侧与中央位置贯穿整根柱子。由于使用预力技术，大大缩小了主要跨距的梁深。整幢大楼的结构清楚地呈现构件之间的接合关系，在入口处更清楚地展现内部的结构系统【图1-25、图1-26】。

1-25

图 1-25 理查德医学研究实验室，费城，路易斯·康，1957–1964／入口

图 1-26 理查德医学研究实验室，费城，路易斯·康，1957–1964／入口呈现内部的结构系统

1-26

## 使用不便的伟大建筑

康完全没有跟使用者接触过，他觉得科学家应该像建筑师一样有创意，可以在建筑师做设计的工作室里做科学研究。大楼的一些缺点在启用后很快就显现出来：实验室使用了过多的玻璃面，过多的光线进入工作区，玻璃上被贴上铝箔遮光以保护化学试剂与设备，大面玻璃窗不仅让实验设备很难摆放，也让在里面工作的人像在金鱼缸里一样，完全没有私密性可言；整合管线与照明设备的露明天花造成隔音的问题；储藏空间不足；没有秘书与助理的空间，让他们只能挤在已经是过于狭小的走廊空间。

康自己辩驳，认为许多的缺失都是因为经费缩减所致，例如东西向的玻璃原本设计的特殊遮阳系统，就是因为经费问题而没有安装，才会产生内部光线过亮的问题。校方对工程拖延以及使用效能的问题非常不满，取消了原本委托设计基地紧邻理查德医学研究实验室的生化大楼，并将康列入黑名单，宾大校园内不可能会再出现他的设计作品。

虽然业主不买账，此大楼却备受瞩目，在超过五十种以上的国际期刊，专业的《建筑记录》到大众化的《流行》（Vogue）杂志，都可以看到相关的评论与报道，出现两极化的评价。英国著名建筑史学家巴纳姆（Reyner Banham）将此大楼归类为粗犷主义（Brutalism），并未看到康的构思有超越勒·柯布西耶在 20 世纪 40 年代所达到的成就。他指出，砖造塔楼看起来好像是支撑实验室楼板的结构，其实不然，楼梯塔楼顶部的开口弱化了塔楼量感十足的外观，由于美学的考量，楼梯塔楼被刻意拉到与排气塔楼一样的高度。巴纳姆戏称此大楼为"管道蠹石"（Duct Henge）[31]。

纽约现代美术馆馆长格林（Wilder Green），是康在耶鲁的门生，则盛赞此大楼是"二战之后美国唯一最重要的建筑物"[32]。耶鲁建筑史教授斯卡利在 1962 年出版康的作品中，认为理查德医学研究实验室是现代最伟大的作品之一[33]。

## 萨克疫苗发明者的青睐

理查德医学研究实验室让康的名声远播，业主不再局限于美国东北部，开始向外扩散到美国其他地区。1959 年 12 月，以发明对抗小儿麻痹疫苗闻名的医生萨克（Jonas Salk）到费城拜访康，两人一同前往理查德医学研究实验室的工地参观，当时实验室结构体与楼梯塔楼已经完成。当时萨克正为了在圣地亚哥筹划创设的一所研究中心找寻建筑师，由于听同事说：康在卡内基梅隆大学两百周年庆时的一场演讲中，介绍了在宾大设计的理查德医学研究实验室，萨克才会来找他看看情况如何。由于有相同的家庭背景，两人一见如故。

萨克虽然在纽约出生，父母则是来自于东欧的犹太移民，萨克的母亲也像康的母亲一样，认为自己的小孩必成大器。两人同样都来自于贫苦人家。萨克 12 岁时以 3 年的时间就完成了正常需要 4 年才能完成的课程，提前进入纽约市立学院学习法律，在学校的一门化学课让他发现了自己真正的兴趣所在。1934 年获得奖学金，进入纽约大学医学院。以优异成绩毕业后，在纽约当实习医师时，发现自己更喜爱做医学研究，1942 年到密歇根大学从事病毒研究工作，1947 年转到匹兹堡大学医学院，在国立小儿麻痹基金会（NFIP）的补助下开始研究小儿麻痹病毒。

萨克很快就成为此项研究的领导者，当时在洛克菲勒中心也在做相同研究的沙宾（Alfred Sabin）是他最大的竞争对手。虽然沙宾所发展的疫苗比萨克的疫苗就有效期而言更有效，不过萨克抢先进行人体试验，在 1955 年就被认可为有效的疫苗，让小儿麻痹从此在美国绝迹，为了表彰其贡献，获颁国会金质奖章（Congressional Gold Medal）。

由于萨克疫苗并未申请专利，萨克并未因此项医学成就而致富。1960 年获得 NFIP 的资助，让萨克希望设立一所完美的研究中心的理想得以实现。此是受到斯诺（Charles Percy Snow）在 1959 年出版的《两种文化与科学革命》所影响，书中指出：科学与人文之间出现的鸿沟，将成为解决世界问题的最大障碍 [34]。萨克心中所想要创造的是：能通过相互交流，促使科技与人文得以整合的一所完美的研究中心，提供不仅对科学同时也对人文、艺术、哲学感兴趣的科学家工作的一处场所，甚至希望能邀请毕加索（Pablo Picasso）来这里。

萨克在 1954 年到意大利旅行时，深受古城阿西季所吸引，尤其对 13 世纪的圣方济修道院的内庭更是着迷，回廊环绕的亲密空间，是思考人生课题最理想的场所。康对阿西季很熟悉，1929 年第一次到欧洲旅行时，就曾在此写生。两人相谈甚欢，对康将此研究中心视为能造福人类的研究殿堂的说法，更让萨克心动，决定由康帮他实现理想。

此时康手里有两个主要的设计案。1959 年承接的西非安哥拉首都罗安达的美国领事馆，为了避免室内过强的自然光造成眩光，康并未采用勒·柯布西耶所发展的户外遮阳板（bries-soleils），而是在窗户外面用开口的墙面遮挡烈日；此案在 1961 年撤销了委托，不过所发展的特殊遮阳方式，则出现在萨克生物研究中心的设计案中。

另一个设计案是在纽约州罗切斯特（Rochester）的第一唯一神教堂（First Unitarian Church），康打败了包括赖特、格罗皮乌斯、埃罗·沙里宁与鲁道夫等知名人士而取得委托。纽约州北边的气候与罗安达的气候完全相反，不过康仍旧运用控制自然光线作为设计的关键性课题，圣殿空间以十字形大片的混凝土天花形成强烈的雕塑感，在四个角落有 L 形的高侧窗采光井，引入内部的自然光是经过墙面反射的柔和光线，同样避免了室内可能产生眩光的问题【图 1-27】；康在这个案子尝试使用木头材料所做的木门与柜子，之后也出现在萨克生物研究中心。

图 1-27 第一唯一神教堂，罗切斯特，路易斯·康，1965–1969

## 人生的另一座高峰：萨克生物研究中心

1960 年 1 月，康与萨克一同到拉由拉（La Jolla）看基地。由本身是小儿麻痹患者的圣地亚哥市市长戴尔（Carles Dail）提供了 10.9 公顷

1-27

土地，由于基地临太平洋的部分是高差很大的峡谷地，因此可运用的建设用地并不多。基地特殊的自然地形，对康之前处理的设计案都是在城市里单纯的建设用地而言，是一大挑战。

康又找了参与理查德医学研究实验室的结构工程师科门登特以及设备工程师杜宾当顾问，与萨克生物研究中心内部聘请的实验室规划师沃尔斯（Earl Walls）一起发展设计。康将萨克所提出的空间需求分成三个区块：提供身心健全环境的聚会所，包括图书馆、可供音乐表演的五百人集会厅以及游泳池，位于基地西侧，靠近太平洋，让研究人员感受自然世界的浩瀚；提供访问学者短期的住宿空间与桑拿室，以及行政空间，位于基地南侧，需穿过山谷；实验室位于基地东侧末端，邻近公路，便于运输研究设备；三者之间的联系都在步行距离。

实验室原本是四幢平行排列的长条形建筑物，萨克后来发现此配置不妥，过于强调内部的功能性，却无法让研究人员有良好的交流机会。在工程发包签约之后，又找康到基地商讨对策。康毫不犹豫同意变更设计，设计团队不敢相信，认为是疯狂至极之事，康则说："这是能盖一幢更好的建筑物的机会。"[35] 之后建造完成的两幢平行的建筑物，避免了实验室将研究人员区分开来、甚至相互较劲的问题。

050

图 1-28 萨克生物研究中心，拉由拉，路易斯·康，1959-1965

1-28

图 1-29 萨克生物研究中心，
拉由拉，路易斯·康，1959–
1965 ／以差半个楼层的方式
相连的实验室与研究室

图 1-30 萨克生物研究中心，
拉由拉，路易斯·康，1959–
1965 ／以侧向窗朝向太平洋
景色的研究室

为了可以同时进行不限于生化的自然与物理的研究，实验室强调无柱的自由空间，提供最大的使用弹性。科门登特提出以弗伦第尔桁架解决实验室空间大跨距的结构问题，2.7 米高的桁架空间，可以满足所有的设备空间需求，如同邮轮底层庞大的机械空间。研究人员个人研究室与实验室，以差半个楼层的方式相连。5 层楼的研究人员个人研究室位于中央广场两侧，研究室的侧向窗户可让研究人员看到太平洋的景色。实验室外侧各有四座塔楼，作为电梯、淋浴与储藏空间【图 1-28~ 图 1-31】。

由兰福德（Fred Langford）设计的特殊模版，在现场浇灌的清水混凝土做法前所未见，康称之为铸造之石（molten stone），他希望拆模后的清水混凝土能保留施工过程的痕迹，如同化石一般记录岁月的印记。木质模板涂了六层的聚氨酯树脂，让拆模后能有光滑的混凝土表面，康刻意要保留混凝土表面的一些小痕迹，包括固定模板的螺栓孔也同样留下来【图 1-32】。

图 1-31 萨克生物研究中心，拉由拉，路易斯·康，1959-1965 / 实验室外侧有四座服务性空间塔楼

康在当时正准备进行白内障手术，他在视力几乎看不见的状况下到工地

052

1-31

的时候，找了事务所里年轻的建筑师麦卡利斯特（John MacAllister）牵着他看工地，要麦卡利斯特偷偷告诉他有问题的地方，再由他大声说出来他无法接受这种施工品质。康对许多细部处理非常挑剔，以金属扶手为例，原本是有焊接的施工方式，康不希望看到无法控制的焊接线，承包商最后依康的要求改为一体成型的金属扶手，但是当安装工人试图磨掉扶手上的一些刮痕时，康却希望留下这些施工时自然留下来的痕迹。

康在两幢实验室中间的空地原本想种植白杨树，形成有遮阴的花园，成为促进研究人员交流的场所。不过他一直对此想法不满意。之后找来了墨西哥建筑师巴拉干（Luis Barragan）来现场提供意见。康虽然喜欢听取别人的意见，不过很少针对特定的问题征询他人的意见。巴拉干认为，此空间不应该是花园而应该是广场（plaza），"因为这么一来，就会多出另一个立面，朝向苍穹的立面"[36]。康在广场中央凿了一条由东向西的小水道，朝向远方的端景太平洋，在西侧末端形成一个小瀑布【图 1-33、图 1-34】。

图 1-32 萨克生物研究中心，拉由拉，路易斯·康，1959–1965 ／ 清水混凝土保留施工过程所留下的痕迹

1-32

萨克将此研究中心视为是他人生的另一座高峰，非常在乎设计过程，经常要求跟他讨论设计方案的人，要详细交代整个发展过程，甚至要将已经丢到垃圾桶的图找回来跟他说明。这种令事务所设计人员深恶痛绝的事，康却非常乐见，认为这么一来，才能让设计日臻完美。施工延期同样也是本案的问题，给康带来了经济的危机，有时候付不出顾问费。员工发现康有时连续几天留在事务所，用男厕所的洗手台洗澡，不过工程依旧延误。由于萨克研究中心的人员要求，由年轻的建

图 1-33 萨克生物
研究中心，拉由
拉，路易斯·康，
1959-1965／中央
广场

图 1-34 萨克生物
研究中心，拉由
拉，路易斯·康，
1959-1965／中央
广场西侧末端

1-34

筑师麦卡利斯特负责工地，在他接手之后，让此案成为康唯一有赚到钱的设计案。

由于 1957 年苏联率先发射人造卫星（Sputnik），联邦政府将大量经费投入太空研究，兴建研究中心的经费也受到波及。1963 年夏末，中止了聚会所与住所的规划，虽然让萨克心中期盼的完美研究中心的理想无法实现，萨克仍肯定此研究中心是近乎完美之作[37]。

## 海外委托大案之一：印度管理学院

1962 年是康走向事业高峰关键性的一年。6 月先接到印度管理学院的海外委托，8 月又承接达卡国会大厦的设计，让康走出美国，成为名副其实的国际建筑师。

位于艾哈迈德巴德（Ahemedabd），由福特公司与印度纺织业起家的萨拉巴伊（Sarabhai）家族赞助的印度管理学院，希望能仿效美国的管理学院培养出优秀的管理人才。1962 年主导整个计划的萨拉巴伊家族成员维克拉姆·萨拉巴伊（Vikram Sarabhai, 1919—1971），请了当地建筑师多希（Balkrishna Doshi）负责校园规划设计，不过仍希望能找知名的外国建筑师以壮声势。多希推荐了康，认为他是继赖特之后最著名的美国建筑师。

多希曾在勒·柯布西耶事务所工作，1955 年返回印度，参与勒·柯布西耶在昌迪加尔（Chandigarh）的工程；1958 年获得葛拉罕基金会（Graham Foundation）资助，在费城参访时结识康，在康事务所里看了特棱顿更衣室、理查德医学研究实验室与萨克生物研究中心的设计图。两年后多希受邀到圣路易斯市的华盛顿大学任教，宾大建筑学院院长珀金斯曾邀他到宾大演讲，谈他与勒·柯布西耶共事的经验，再次与康见面。

康一开始是官方认定的顾问建筑师，多希为助理建筑师，多希非常乐意接受这样的决定，他将康看成是自家兄弟。他说，康每次到艾哈迈

德巴德时，总会带两瓶伏特加，一瓶送给工作伙伴，另一瓶用来刷牙
漱口，避免当地水质不佳可能产生的感染。康首次到印度看基地时，
曾到昌迪加尔看了勒·柯布西耶的作品，他认为这些建筑本身固然漂
亮，可惜与当地格格不入。康希望能为艾哈迈德巴德创造出适合当地
条件的建筑。

为了寻找适合印度文化的建筑灵感，多希带康参观了当地在 15 世纪伊
斯兰教统治者所建造的夏宫（Sarkhej Roza），融合了伊斯兰与印度文
化的建筑形式，在 6.9 公顷大池塘周围的亭子，有很深的柱廊可以遮挡
阳光并带来凉风。

在城市边缘，占地 26.3 公顷的基地上，准备兴建的印度管理学院，包
括教室、图书馆、办公室以及学生与教师宿舍。康此时刚完成宾夕法尼
亚布林茅尔学院（Bryn Mawr College）的学生宿舍，在此案设计发展
过程中，康试图追求比较抒情的方式，与安妮严谨几何秩序的设计想法
出现了分歧【图 1-35】。两人的关系渐行渐远，1964 年走到了尽头，
康手里虽有许多工作，却故意让安妮闲着，逼着她自动离开[38]。此时
另一位女性悄悄地进了事务所。

通过文丘里（Robert Venturi）的牵线，1959 年，康开始与 32 岁的

图 1-35 布林茅尔
学院学生宿舍，布
林茅尔，路易斯·
康，1960–1965

1-35

景观建筑师帕蒂森（Harriet Pattison）来往。帕蒂森从芝加哥大学毕业后，又在耶鲁大学念戏剧，除了景观设计之外，也对哲学、音乐有广泛的涉猎。1962 年 11 月，为康产下一个同样也是从母姓的儿子纳撒尼尔（Nathaniel Pattison）。

介绍人文丘里是在 1966 年出版《建筑的复杂性与矛盾性》、引领后现代建筑风潮的后起之秀 [39]，他在普林斯顿大学建筑系，受业于普大著名的教授拉巴图特（Jean Labatut），拉巴图特质疑 1940 年到 1950 年的现代建筑，并强调建筑史的重要性。同样出自巴黎美术学校的建筑教育体系，康与他的发展方向截然不同。康是文丘里论文的评审委员，曾请他到宾大担任助教。1951 年，康推荐文丘里进入埃罗·沙里宁事务所工作。1954 年，文丘里获聘为罗马美国学院驻学院建筑师。1956 年从罗马返美之后，文丘里在路易斯·康事务所待了九个月，两人交往甚密。

康曾试图将之前在罗安达美国领事馆设计发展的特殊遮阳手法，运用在萨克生物研究中心聚会所，由于经费问题，聚会所并未建造，使得在窗户外面用开口的墙面遮挡烈日的设计构想，一直没有实践的机会。此构想则成为印度管理学院回应当地气候条件最醒目的建筑表现形式，开圆

057

1-36

图 1-36 印度管理学院，艾哈迈德巴德，路易斯·康，1962-1974

洞的大面砖墙以及由砖造厚实的正交结构墙面，都形成虚实强烈对比的视觉效果【图 1-36~ 图 1-38 】。康为了要求砖墙的施工品质，亲自拿起工具砌砖示范，强调砖块与砖块之间要尽量压实。

1-37

图 1-37 印度管理学院，艾哈迈德巴德，路易斯·康，1962-1974

图 1-38 印度管理学院，艾哈迈德巴德，路易斯·康，1962-1974

1-38

## 海外委托大案之二：达卡国会大厦

印度管理学院虽然是康处理过的最大规模的设计案，不过相较于同时期在进行的达卡国会，则是小巫见大巫。达卡国会的空间需求，除了政府的行政中心、立法委员与工作人员的宿舍、高等法院之外，还包括图书馆、学校、医院、气象站以及热带疾病研究中心，希望塑造国家的新形象。

领导人柯安（Ayub Khan）将军，决定在东巴基斯坦（今孟加拉国）的首府伊斯兰堡之外，成立第二首府达卡（今孟加拉国首都），交由有建筑专业背景的伊斯拉姆（Muzharul Islam）负责执行。年轻且有政治实力的伊斯拉姆在加尔各答大学毕业后，到美国俄勒冈大学取得设计学位，接着在伦敦建筑学院（Architectural Association）研习热带建筑，之后又进入美国耶鲁建筑学院，此时鲁道夫担任院长，康仍是那里的兼任老师。

由于勒·柯布西耶在印度昌迪加尔的规划设计引起国际瞩目，伊斯拉姆建议柯安，应该仿效寻求国外建筑师的做法；勒·柯布西耶、芬兰建筑师阿尔托（Alvar Aalto）与康都是考虑的人选。勒·柯布西耶无暇分身而回绝，阿尔托则错过了班机没有赴约，康因而获得委托。伊斯拉姆全心全意希望康能接下此案，付给康的设计费是当地市场行情的六倍之多，甚至拒绝政府建议由他们两人共同负责的构想。

1963 年 1 月，康首度到东巴基斯坦看基地，伊斯拉姆像多希一样，向康介绍了当地的状况，以乘坐吉普车、船与直升机的方式走访整个国家。康注意到，东巴基斯坦位于三角洲，每年喜马拉雅山融雪时便会有洪水的问题。在伊斯拉姆的支持下，康得以抗拒东巴基斯坦政府要求运用传统建筑元素的想法。基地位于军用机场旁的大片农地，原本只有 80.9 公顷，后来增加了 5 倍，康只需负责设计，施工图由伊斯拉姆的研究团队负责。花了不到两年的设计时间，1964 年 10 月就开工了。

期间美国总统肯尼迪于 1963 年 11 月 22 日在达拉斯遭枪杀身亡。遗孀杰奎琳筹划兴建肯尼迪纪念图书馆，康与密斯、鲁道夫、邦夏（Gordon Bunshaft）、约翰逊以及贝聿铭，一起列在六位考虑人选的名单上。杰奎琳到路易斯·康事务所参观时，事务所像学校建筑系设计教室一团乱的工作环境，让康丧失了机会，最后委由贝聿铭负责设计【图 1-39】。

达卡国会的结构顾问，康一开始也是找科门登特，他宣称只需要 15 个人就能负责所有的施工。过度重视营造效率，反而违背了业主的期待。当地政府则希望，利用重大工程建设提供工作机会，已经找来了五百个砌砖工人；之后改由负责设计耶鲁美术馆楼板结构的费城结构顾问公司接手。科门登特对康阵前换将的决定非常不满，认为"康变得过于自负，像是个不成熟的贵妇"，他觉得自己"一路上帮康，等到他摇身变成名人之后，就自以为是，该是让他找别人当结构顾问的时候了"[40]。

康冒险地决定在主体建筑使用混凝土，必须靠进口才能取得的材料，对当地工人也是一项极大的挑战，加上潮湿的气候也很容易让混凝土长霉；尽管如此，他仍希望借此创造出建筑的纪念性。康找来了负责萨克生物研究中心工地监工的工程师兰福德的弟弟，训练两千名工人，以竹竿绑着麻绳作为鹰架，在没有使用任何机具的情况下，工人像一群工蜂

图 1-39 肯尼迪纪念图书馆，波士顿，贝聿铭，1977–1979

1-39

一样布满在鹰架上，在工人离开之前完全看不见建筑物，利用接力传递的方式运送混凝土灌浆，每次灌浆只能让主体建筑的墙升高 150 厘米。由于灌浆之间的接缝过于明显，康别出心裁地以大理石条标示，同时也掩饰了上下墙面浇灌混凝土的色差。垂直的大理石条分割则避免了庞大的主体建筑产生过重的量感。

由于设计图面经常延迟，1968 年，一位公共工程部的官员便抱怨，选择康是极大的错误。1971 年 3 月 26 日，东巴基斯坦爆发了受美国所支持的独立战争，康驻工地的事务所关闭；在九个月的内战中，东巴基斯坦与印度结盟，国会主体建筑充当印度军备库。据说此建筑物之所以躲过巴基斯坦空军的轰炸，因为驾驶员以为此地已经是一片废墟了。

战后幸免于难的国会大楼，便从第二首府变成孟加拉新政府所在地。伊斯拉姆成为财务长，坚持必须把康找回来继续完成工程，1973 年康重回工作岗位。计划重新调整之后，扩大了秘书处的空间需求，康须重新设计，不过新的计划并未执行。隔年康过世之后，原本的计划由路易斯·康事务所的元老威斯东带领继续进行，直到 1983 年这幢让人民自豪的建筑完工为止【图 1-40、图 1-41】。

1-40

图 1-40 达卡国会大厦，达卡，路易斯·康，1962–1974 ／模型

图 1-41 达卡国会大厦，达卡，路易斯·康，1962-1974

# 如神圣空间的图书馆

正当康为两件海外的大规模设计案忙得不可开交之际，国内的高中名校菲利普斯·埃克塞特学院（Phillips Exeter Academy），在 1965 年委托康设计校园里的图书馆。这是 1781 年创立的私立高中寄宿学校，在20 世纪 60 年代已经成为全美最知名的高中之一，被视为是进入大学名校的跳板，1957 年不到 200 名毕业生中，进入哈佛的有 80 人，耶鲁 37 人，普林斯顿 26 人。不像大部分的学校喜爱争取来自良好社会经济地位家庭的学子，该校一直维持着强调公平性的传统。创办人菲利普斯（John Phillips）是严谨的"加尔文信徒"，重视实用性，厌恶华丽的外表，以强调生活为教育宗旨。

1950 年，学校聘任刚从海军退役的年轻人阿姆斯特朗（Rodney Armstrong）担任图书馆馆员，并告知将负责图书馆的新建工程。他虽然只是学院的老师，不过却扮演校方与康联络的工程联络人。

由于萨克医生的长子正好是 1961 年入学菲利普斯·埃克塞特学院的学生，阿姆斯特朗又曾是他的宿舍老师，当萨克知道校方为了找寻建筑师兴建图书馆，先后拜访了斯通、鲁道夫、巴恩斯（Edward Larrabee Barnes）、贝聿铭、约翰逊等知名人士，正举棋不定时，便建议阿姆斯特朗来参观萨克中心。阿姆斯特朗花了两天的时间去参观之后，便向校长推荐康，促成了此设计委托案。

图书馆为了配合校园建筑风格，决定使用砖造结构，不过在经费的考量下，内部的结构改为钢筋混凝土结构。康说，这幢图书馆是两个甜甜圈的结合：外侧围绕的书架空间的"砖的甜甜圈"以及中央包围着一个大空间的"混凝土甜甜圈"，楼梯、电梯与厕所位于四个角落，入口则隐藏在骑楼内。内部边长 12 米的正方形中庭空间，如同是城镇的广场，四面围绕开着大圆洞的书库，自然光线从楼顶四面的高侧窗，穿过对角线的 X 形混凝土深梁而下，增加了空间的戏剧性效果，创造出神圣的空间氛围，如同走进教堂一般的图书圣殿，让人一进入就自动噤声静下心来，虔心接受知识的洗礼【图 1-42~ 图 1-44】，具体呈现了康

1-43

1-44

图 1-42 菲利普斯·埃克塞特学院图书馆，埃克塞特，路易斯·康，1965-1972

图 1-43 菲利普斯·埃克塞特学院图书馆，埃克塞特，路易斯·康，1965-1972 ／由开大圆洞的书库所围绕的入口大厅

图 1-44 菲利普斯·埃克塞特学院图书馆，埃克塞特，路易斯·康，1965-1972 ／入口大厅上方的采光

所言："每本书都是一种奉献，储存这些奉献的地方是近乎神圣的图书馆，向你诉说着此种奉献。"[41]

康与安妮的恋情虽已结束，不过安妮追求严谨几何的空间秩序，仍旧深植于康的作品中。1968 年，康帮她写了推荐信给宾大建筑学院院长珀金斯，让她顺利取得教职，并在此任教长达 27 年。接替安妮的帕蒂森此时在路易斯·康事务所的四楼办公室工作，负责图书馆的景观设计，由于工程经费遭到削减，校方决定暂缓，等有经费后再执行。之后校方又让康在紧邻图书馆旁设计了食堂，斜屋面的用餐空间体量与拉到外面的烟囱，形成高耸体量之间显得非常突兀的组合关系，以至让文丘里认为，是受到他所设计的母亲之家（Vanna Venturi House）所影响【图 1-45、图 1-46】[42]。

图 1-45 菲利普斯·埃克塞特学院食堂，埃克塞特，路易斯·康，1965-1972
图 1-46 母亲之家，费城近郊，文丘里，1962-1964

# 美术馆本身也是一件艺术品

1953 年完成的耶鲁美术馆，虽然为康的建筑生涯开启了新的里程碑，让他逐渐成为美国乃至国际知名的建筑师，不过康却是从耶鲁美术馆之后，就再也没有做过美术馆的设计。尽管第二次世界大战之后，美国取代法国成为艺术创新的领导者，艺术在美国蓬勃发展，各地相继建造美术馆，但直到 1966 年，康才又有机会在得克萨斯州沃斯堡（Fort Worth）创造另一件传世之作：金贝尔艺术博物馆。

美国得克萨斯州的企业家金贝尔（Kay Kimbell, 1886—1964），在八年级时辍学，进入碾坊担任办公室小弟，之后开始投入谷物与食品加工业而发家，在过世时已成为七十家公司的负责人，包括连锁的杂货店、保险公司与批发市场。除了经营事业之外，他喜爱收藏艺术作品，在一次展览中，他认识的一位纽约艺术经理人，以一幅 18 世纪英国画家的作品跟他调头寸，金贝尔决定买下此画，开启了他热爱艺术收藏的生涯。这股热爱也感染了他的夫人维尔玛·富勒（Velma Fuller）、妹妹玛蒂（Mattie Kimbell）与妹夫卡特（Coleman Carter），他们在沃斯堡成立金贝尔艺术基金会（Kimbell Art Foundation），不断增加收藏，由于当地缺乏展览场地，基金会利用教堂与学校办展览，让学生可以亲睹艺术名家的真迹。

金贝尔家族将他们家里布置得像是一座美术馆，招待对绘画有兴趣的访客。1964 年金贝尔过世后，将所有收藏捐赠给基金会，使基金会收藏品已多达 360 件，包括玉器，象牙，意大利文艺复兴后期、英国 18 世纪、法国 19 世纪与美国 19 世纪的画作。由于金贝尔生前一直希望能通过公开展览与研究收藏品，在家乡推广艺术，膝下无子嗣的金贝尔夫人在先生过世之后，决定将家产全部捐给基金会，希望能兴建一座一流的美术馆，帮先生完成心愿。

为了筹建美术馆，基金会董事会走访了纽约大都会博物馆、波士顿美术馆、华盛顿特区国家画廊等知名美国美术馆，以及英国与其他欧洲国家的美术馆，一直没有具体方案，直到聘任原本担任洛杉矶美术馆馆长布朗（Richard Fargo Brown）为金贝尔艺术博物馆馆长。布朗为人沉默寡言，对专业要求非常严格，在哈佛的福格艺术博物馆（Fogg Art Museum）接受艺术史训练，1954 年受聘到洛杉矶美术馆工作，七年后成为馆长。布朗之所以跳槽担任金贝尔艺术博物馆馆长，主要是因为：多年来一直向洛杉矶美术馆争取由密斯设计新的美术馆，却一直未能得到支持，长年在行政上不顺遂才萌生去意。

由于金贝尔艺术基金会收藏以 17 与 18 世纪名家的小幅绘画为主，因此布朗认为，筹划兴建的美术馆应相对小巧。美术馆将通过展示与对艺术作品的诠释，致力于大众的教育，增进喜悦与文化充实。美术馆本身也应该被视为是"一件艺术品"，对建筑艺术的演进做出具有创意的贡献，"建筑物的造型必须达到无法增减的完美境界"，让进入美术馆的参观者着迷。布朗强调，在设计上，自然光线必须扮演重要角色。他本人在哈佛大学的博士论文，便是探究 19 世纪的色彩科学以及法国印象派画家毕沙罗（Camille Pissarro），强调"天气、太阳的位置与季节的变化应该能穿透进入建筑物，对艺术与观赏者产生启迪"。

图 1-47 西格拉姆大楼，纽约，密斯与约翰逊，1958

布朗仔细看了当时美国知名建筑师的作品，包括密斯、布劳耶、邦夏、鲁道夫、贝聿铭、哈里斯（Harwell Hamilton Harris）等人的作品，找寻负责设计美术馆的适当的人选。虽然他在洛杉矶美术馆馆长任内极力推崇密斯，如今则对年迈的密斯产生动摇，担心他会过于强势，完全不理会气候与日照等问题。由于布朗也是拉由拉美术馆的咨询委员，因此知道康所设计的萨克生物研究中心，并对此案留下深刻印象。正好纽约现代美术馆 1966 年举办了路易斯·康建筑展，让布朗对康有了更深一层的认识。

1-47

布朗到费城参观路易斯·康事务所之后，便向董事会建议由康负责设计美术馆，他在向董事报告时提到：纽约的西格拉姆大楼（Seagram Building）让密斯成为20世纪前半叶最伟大的建筑师，而康将成为20世纪前叶伟大的建筑师【图1-47】。为了慎重起见，布朗更进一步征询耶鲁美术馆兴建时的业主的意见，当时的耶鲁建筑学院院长索耶也给予正面的推荐，不过提醒布朗，必须时时盯着康，否则你睡一觉醒来，就发现他又改了设计。

为了避免康在工程上延宕与经费预算超支的恶习，董事会要求康必须与当地的建筑工程公司合作，公司负责人格伦（Preston M. Geren）善于管控工程，由他负责解决当地的法令问题、施工大样图与工程发包，并与康一起监工。康接受此决定，1966年10月正式签约负责设计金贝尔艺术博物馆。董事会在日后的设计发展过程中一直扮演重要角色，布朗更是积极参与的业主。

## 为艺术而存在

转眼间，康设计耶鲁美术馆已过了十五个年头，之后就再也没有设计过美术馆，不过康对美术馆设计的思考则不断演进。由于耶鲁美术馆一开始是多用途的空间需求，康的设计着重于创造如同仓库一样的弹性空间。之后完全改为美术馆用途时，馆长为了让美术馆成为展览绘画与雕塑的一流现代美术馆，做了内部的改造，让康非常气愤。金贝尔艺术博物馆则很明确是为艺术而存在的建筑物。尤其康很幸运地碰到了一位能与他谈论美学与哲学的业主。

基地位于离沃斯堡市中心约3千米的市立公园，园区内有沃斯堡现代美术馆、科学与历史博物馆，以及1960年由约翰逊所完成的阿蒙·卡特西方艺术博物馆（Amon Carter Museum of Western Art）【图1-48】。由于不能遮挡阿蒙·卡特艺术博物馆看到沃斯堡市中心的天际线，因此新建艺术博物馆的高度不能超过12米。

康对于此设计案充满热情，不过日益增加的旅行行程却让他力不从心。菲利普斯·埃克塞特学院图书馆与第一唯一神教堂仍在施工中，必须长途旅行到印度与孟加拉，另外还忙着后来未实现的一些草案设计，包括纽约州的一座犹太圣殿，印第安纳州的一座表演艺术中心，宾夕法尼亚州的一间工厂以及堪萨斯市有一幢办公大楼，不过事务所的人力并未随着工作量大增而有所调整。

回应布朗强调自然光线的要求，一开始的设计构想，是以混凝土折板构成南北走向的 V 形穹窿，在顶部有一条缺口可以引入自然光线。由于此种结构方式的室内高度会达到 9 米，不符合布朗的期望：让人觉得有亲切感的美术馆，建筑物应该比较像别墅而非宫殿。之后发展出摆线弧度的拱圈结构，由四个角落的钢筋混凝土柱支撑，形成只有 6 米高且优雅的展览空间。虽然康仍称之为穹窿，其实是相当复杂的混凝土薄壳结构，康经常配合的结构顾问吉亚诺普罗斯无法解决，只好再求助于康的老同乡科门登特。

拱圈形的构造让康一直将屋面看成是由拱圈形成的壳，其实是悬壁梁的结构。拱圈下方由空心砖砌的墙面贴上石灰石，借此让人感受到，拱圈并非由空心砖砌的墙面所支撑【图 1-49、图 1-50】。科门登特非常自

图 1-48 阿蒙·卡特西方艺术博物馆，沃斯堡，约翰逊，1960

1-48

图 1-49 金贝尔艺术博物馆，沃斯堡，路易斯·康，1966–1972

图 1-50 金贝尔艺术博物馆，沃斯堡，路易斯·康，1966–1972

豪本案中其所扮演的角色，认为如果他不插手的话，董事会将会告建筑师，营造厂会告金贝尔艺术基金会，布朗也可能早就被解职。金贝尔艺术博物馆将只是一场梦！

挡在博物馆入口的树丛以及两侧的水池，是出自康的红粉知己帕蒂森的构想【图 1-51、图 1-52】，虽然此时她是在康旧识巴顿（George Patton）位于宾夕法尼亚的景观建筑师事务所里任职，两人都是 1951 年罗马美国学院驻院的建筑师。金贝尔艺术博物馆通过特殊的构筑技术引进自然光线的设计构想，与当时主流艺术博物馆展览空间强调人工照

1-51

1-52

图 1-51 金贝尔艺术博物馆，沃斯堡，路易斯·康，1966–1972／入口以树丛遮挡的景观设计

图 1-52 金贝尔艺术博物馆，沃斯堡，路易斯·康，1966–1972／入口两侧的水景

明背道而驰，诚如《艺术论坛》（Art Forum）预言，金贝尔艺术博物馆将是美国"最好的一幢美术馆"。金贝尔艺术博物馆强调自然光线所创造出来的高品质展览空间，的确成为日后美术馆效仿的典范。

## 最后一幢建筑传世之作

让康在 20 世纪 50 年代得以在建筑舞台崭露头角的耶鲁大学，在 1969 年康建筑生涯巅峰之际，又委托他设计耶鲁大学英国艺术中心，让康有始有终地，将他所设计的最后一幢建筑传世之作留在耶鲁校园，与位于同一条街上的耶鲁美术馆相互对望，为康从耶鲁起步、历经二十多年来的传奇建筑人生，划下完美的句点。

耶鲁大学英国艺术中心的建造，源于 1966 年艺术收藏家保罗·梅隆（Paul Mellon）决定将其收藏捐赠给母校，并捐款在校园内兴建一座能提供免费参观的美术馆。梅隆的父亲安德鲁·梅隆（Andrew William Mellon）为事业有成的银行家，曾担任经历三任美国总统的财政部长与美国驻英国大使等政府要职，安德鲁与弟弟创办的梅隆工业研

图 1-53 国家艺术画廊东厢，华盛顿特区，贝聿铭，1978

1-53

究院，后来与卡内基家族创办的一所学校合并成为美国知名学府卡内基梅隆大学。

保罗·梅隆从耶鲁学院毕业后，又在英国剑桥大学卡莱尔学院（Clare College）取得学士与硕士学位。受父亲爱好收藏艺术品所影响，他在1936年购买了第一幅18世纪英国绘画作品之后，开启了收藏艺术品之路；到了20世纪60年代，他已成为英国本土以外收藏最多英国艺术作品的一位收藏家。父亲过世后，他代表父亲捐给华盛顿特区国家艺术画廊一百多幅的绘画收藏，并继续出资赞助国家艺术画廊，担任过两次的国家艺术画廊董事会董事长，帮助贝聿铭取得国家艺术画廊东厢的设计案，让贝聿铭创造了他第一幢受美国建筑师学会"二十五周年建筑作品奖"肯定的建筑传世之作【图1-53、图1-54】。

保罗·梅隆虽然对许多机构都慷慨捐献，不过对母校耶鲁仍情有独钟。在出资捐赠建造美术馆之前，就已经捐了由埃罗·沙里宁所设计在1962年完工的两幢学生宿舍【图1-55】。1968年确定兴建收藏保罗·梅隆捐赠的收藏品的美术馆时，在耶鲁历史系任教、专研美国18

1-54

图1-54 国家艺术画廊东厢，华盛顿特区，贝聿铭，1978／入口大厅

世纪绘画的普罗恩（Jule David Prown）被任命为馆长，负责工程筹划，与金贝尔艺术博物馆馆长布朗一样，都是出身哈佛的福格美术馆，两人也都极力支持创新的建筑。

1969 年普罗恩向校方报告他对于美术馆的初步构想时，强调建筑物应符合人性化，并与校园以及城市保持良好的关系。如同布朗的想法一样，不希望建筑物过于具有纪念性而使人心生敬畏，而应该以平易近人的方式欢迎参观者，引发他们的兴趣与好奇心，挑起他们入内参观的欲望。

由于耶鲁的艺术相关科系集中在康先前设计的耶鲁美术馆所在的街道两侧，包括 1886 年成立的美术学院，1928 年史瓦特伍特设计完成的美术馆，以及 1963 年鲁道夫所设计完成的艺术暨建筑学院大楼，基地的位置正好就在耶鲁美术馆对面【图 1-56、图 1-57】。

在找寻建筑师的过程中，原本最热门的两个人选——约翰逊与贝聿铭，因为普罗恩认为两人的作品过于浮夸与装饰性而遭剔除。此时耶鲁建筑史教授斯卡利，在建筑界已成为响当当的一号人物，虽然在 20 世纪 50

图 1-55 耶鲁大学摩尔斯学院（Morse College）宿舍，纽黑文，埃罗·沙里宁，1961

1-55

年代独具慧眼支持康，不过现在则对康之前的员工文丘里更感兴趣。

文丘里在 1966 年出版《建筑的复杂性与矛盾性》，被斯卡利誉为是继勒·柯布西耶在 1923 年出版《走向新建筑》之后最重要的一本建筑论述 [43]。斯卡利以文丘里在当时完成的国立橄榄球协会名人堂向普罗恩力荐，但普罗恩觉得与心中所期待的建筑物差距过大。也有人建议，不

1-56

1-57

图 1-56 耶鲁校园内艺术相关科系与画廊集中的一条街道

图 1-57 艺术暨建筑学院大楼，纽黑文，鲁道夫，1963

如交由建筑系学生竞图，普罗恩则说，他不会找医学院学生割胆囊。

普罗恩从理查德医学研究实验室、菲利普斯·埃克塞特学院图书馆与金贝尔艺术博物馆找到了康，认为康对光线的处理令人感动。此时耶鲁聘任的建筑顾问巴恩斯，如同约翰逊与贝聿铭一样，出身哈佛建筑学院，受业于格罗皮乌斯门下，尽管来头不小，却是温文有礼。巴恩斯专程拜访普罗恩，并询问是否已找到人选。普罗恩以为他是来毛遂自荐，巴恩斯却告诉他，之前在埃克塞特学院图书馆曾经是康的手下败将，他建议普罗恩找康，加速进行此案。随后普罗恩亲自到费城走了一趟，如同先前的一些业主一样，对康朴实无华的事务所大感惊讶！他注意到，事务所墙上的钟快了半个钟头，康刻意拨快，以免约会迟到。但相反的是，康的工程都一定保证延宕！

1969 年夏天，在康进行切除胆囊手术之后，两人相约在华盛顿特区碰面，一同去看捐赠者梅隆的收藏，并参观菲利普斯画廊（Phillips Gallery），普罗恩认为，该画廊是一处让艺术适得其所的地方。前往华盛顿途中，飞机引擎撞上一群鸟，造成一个引擎熄火，导致飞机迫降，抵达华盛顿时，普罗恩告诉康自己遇到的意外，两人在酒吧畅谈生与死。或许是在这席对话中获得莫大的鼓舞，普罗恩之后在向校长的书面推荐信中说：路易斯·康不仅是当代最伟大的建筑师，同时也是对艺术内在世界与日常外在世界都非常敏感的人。1969 年 10 月，保罗·梅隆付了捐款与康正式签约。

康与业主多次在之前设计的画廊讨论美术馆光线的议题，他对内部被更动过，一直耿耿于怀，普罗恩注意到，康走进里面时连看都不看一眼，也从未提过鲁道夫设计的艺术暨建筑学院大楼。保罗·梅隆虽有参与讨论设计，不过与康并没有太多的交流。普罗恩认为他是绝佳的捐赠人，完全不插手干预。但并不表示他完全没有自己的想法，他总是通过问问题的方式，有效地表达意见。对于地下停车场，保罗·梅隆便问：将汽车放在我的绘画下面，是好的做法吗？

最后定案的平面是明确的轴向对称的平面。入口则像理查德医学研究实验室与埃克塞特学院图书馆一样不明显，位于建筑物的角落，内部的两个中庭是空间焦点所在。从低调的入口进入四周环绕着展览空间的大厅，从地面挑高四层楼高的气势，让人联想起埃克塞特学院图书馆内部由书库环绕的入口大厅【图 1-58~ 图 1-60】；第二个中庭位于演讲厅上方，从二楼向上挑高三层楼，由展览空间、阅览空间与办公空间所围绕，中庭内量感十足的圆筒状楼梯，创造出强烈的视觉效果【图 1-61】。机械设备仍旧与结构以及空间整合在一起，不过并不像先前的作品一样被凸显出来，服务性与被服务性空间的想法结合得更为细致。康依旧反对任何外在的装饰，完全不使用油漆，也不以天花遮掩任何空调管线【图 1-62】。

此时康的社交能力已比较懂得如何与业主沟通，他的用语虽然含糊不清，但呈现的意象却非常具有启发性。他称此艺术中心的结构是"大象的骨骼"，为了此结构系统，康又请了之前处理耶鲁美术馆的结构教授普菲斯特尔帮忙，由于普菲斯特尔的身体健康不佳，将大部分的工作交给合伙人托尔（Abba Tor）。

图 1-58 耶鲁大学英国艺术中心，纽黑文，路易斯·康，1969–1974

1-58

图 1-59 耶鲁大学英国艺术中心，纽黑文，路易斯·康，1969-1974 / 挑高四层楼高的入口大厅

图 1-60 耶鲁大学英国艺术中心，纽黑文，路易斯·康，1969-1974 / 入口大厅上方的采光

图 1-61 耶鲁大学英国艺术中心，纽黑文，路易斯·康，1969-1974 / 中庭内量感十足的圆筒状楼梯

图 1-62 耶鲁大学英国艺术中心，纽黑文，路易斯·康，1969-1974

1-60

1-61

1-62

来自以色列的工程师托尔曾与埃罗·沙里宁共事过，他虽然盛赞埃罗·沙里宁，不过却开玩笑说，埃罗·沙里宁往往用了过多的材料去创造视觉效果，让人以为真的是功能上的必要性。例如在伊利诺伊州的约翰·迪尔大楼（John Deere Building），正面的结构只是具有装饰性，一旦你走到后面时，钢构件就消失无踪了！康真实呈现构筑的理念，非常吸引托尔。虽然托尔知道，康也试图模糊"诚实的结构呈现"与"空间的戏剧效果"，例如在耶鲁美术馆的天花板，或是埃克塞特学院图书馆入口大厅上方高侧窗下面的 X 形构件。

## 未完成的建筑故事

托尔对康能用一般人能理解的方式述说建筑故事，非常佩服。康的这种能力应该是他在二十多年的教职中培养出来的，康曾提过教学相长的说法，他认为，并不是学生真能教他什么，而是他从教学中学会如何表达，让人理解他的想法。

由于托尔的父母也是同样来自欧洲，让他与康觉得非常投缘。托尔觉得康常喜欢自损，但却非常懂得以退为进，善用谦卑的高傲。"康总是能让我替他做我不可能为其他建筑师所做的事。"由于受够了康不断地说："砖意欲何？"有一回托尔俏皮地回敬他："路，你上次问墙的时候，得到了什么回答？"[44]

康并未亲眼看到耶鲁大学英国艺术中心完工。1974 年 3 月 17 日从亚美达巴德经伦敦飞回美国，他在纽约机场打了电话回家给埃丝特，告知他错过从纽约回费城的班机，准备搭火车回去。随后搭了计程车到纽约宾夕法尼亚车站，在车站内的厕所，心脏病发身亡，身上只有公司的电话。当天正好是星期天，公司没人接电话，警方等到星期一才联络上家人，遗体被送到市立殡仪馆，两天之后才被领回。

康在事务所留下了六千多张的图面，以及超过四十多万美元的债务，多半是顾问费与员工薪水。1976 年，宾夕法尼亚州买下了他留下来的图，代为清偿他的债务，之后将这些图长期借放在宾夕法尼亚大学保存。

## 遗产

路易斯·康究竟留下什么遗产给世人呢？毋庸置疑，他在世间留下了传世的建筑作品。从美国建筑师学会所设立的"二十五周年建筑作品奖"（Twenty-five Year Award）便可看出，康的作品备受建筑专业人士所肯定。该奖项每年只选出一件作品，借此肯定历经四分之一个世纪考验、更彰显其价值的建筑传世之作。自 1969 年首次颁发至 2014 年以来，所选出的 45 件作品中，获得两次以上肯定殊荣的建筑师只有 7 人：康有五件作品获选，仅次于埃罗·沙里宁 6 件，SOM（Skidmore, Owings & Merrill）也有 5 件，赖特 4 件，密斯 3 件，迈耶（Richard Meier）与贝聿铭各有 2 件 [45]。其中最引人瞩目的是埃罗·沙里宁与康两人，不仅是他们获奖次数最多，更难得的是，他们在相对短暂的建筑生涯中，创造出最多的传世之作，相较于庞大的建筑公司 SOM 而言，两人完成设计作品的良率非常惊人。

1961 年埃罗·沙里宁在事业处于巅峰状态时，却因脑癌病逝，天妒英才，年仅 51 岁；路易斯·康则是在 50 岁时才开始设计耶鲁美术馆，在他 52 岁时完成了他的第一件传世建筑作品，真是大器晚成。两人同样都是第二代的美国移民，不过埃罗·沙里宁出身建筑世家，父亲埃利尔·沙里宁（Eliel Saarinen）是著名的芬兰建筑师，在赫尔辛基设计了国立芬兰博物馆与赫尔辛基火车站【图 1-63、图 1-64】，1923 年参加《芝加哥论坛报》竞图，虽然屈居第二名，却声名大噪。

埃利尔·沙里宁的设计提案是：由底部逐渐退缩的体量，强调从地面层到达顶部楼层连续的垂直分割立面的处理手法，成为日后美国高层建筑流行的样式。1929 年建筑师芬恩（Alfred Charles Finn）在休斯敦建造的加尔夫大楼（Gulf Building），具体实现了此设计构想【图 1-65】。

在埃罗·沙里宁 13 岁时，举家移居美国。1929 年他先在巴黎休米耶学院（Academie de la Grande Chaumiere）学习雕塑，之后在耶鲁大学学习建筑；1934 年毕业后，周游欧洲与北非一年，并回到家乡芬兰待了一年，才回美国进入父亲的事务所工作。1940 年埃罗·沙里宁

图 1-63 国立芬兰博物馆，赫尔辛基，埃利尔·沙里宁，1904

图 1-64 赫尔辛基火车站，赫尔辛基，埃利尔·沙里宁，1909

图 1-65 加尔夫大楼，休斯敦，芬恩，1929

取得美国美籍，1950年父亲去世后，成立了自己的建筑师事务所，建筑生涯一路平步青云。

相较之下，出身背景不佳的康，则只能善用美国公立学校的教育资源力争上游，抱持热爱建筑的坚定信念，在宾夕法尼亚大学完成学业之后，历经美国大萧条与二战期间建筑产业跌入谷底的考验，更淬炼出蓄势待发的满腔建筑热情，在知天命之年时才爆发出来。

埃罗·沙里宁过世之后，事务所的两员大将洛奇（Kevin Roche）与丁克路（John Dinkeloo），继续完成了许多埃罗·沙里宁的知名设计案：圣路易斯市大拱圈，纽约肯尼迪机场TWA航厦，华盛顿特区附近的杜勒斯国际机场等【图1-66】。1966年两人组成联合事务所（KRJDA），在业界备受肯定。1993年洛奇成为普利兹克建筑奖得主，在纽约所设计的福特基金会总部大楼（Ford Foundation Headquarters），于1995年获得美国建筑师学会"二十五周年建筑作品奖"的殊荣【图1-67】。康生前如同一人的事务所，则后继无人，身后一切化为乌有，令人不胜唏嘘。

图1-66 华盛顿杜勒斯国际机场，杜勒斯，埃罗·沙里宁，1958–1962

# 传人

难道康真的都没有传人吗？除了将勒·柯布西耶的粗犷清水混凝土发展成为细致的浇灌石材，通过日本建筑师安藤忠雄的推广风靡各地之外，曾在路易斯·康事务所短暂实习的意大利建筑师皮亚诺（Renzo Piano），在美术馆设计上，延续着通过空间、结构与设备整合，创造优质的自然采光展览空间。

皮亚诺在美国休斯敦设计建造的首幢美术馆——梅尼尔收藏馆（The Menil Collection），在 2013 年也获得了"二十五周年建筑作品奖"的肯定【图 1-68、图 1-69】。之后设计了一系列的美术馆：美国休斯敦的汤柏利展馆（Cy Twombly Ravilion, 1992—1995）、瑞士巴塞尔（Basel）的拜尔勒基金会博物馆（Beyeler Foundation Museum, 1991—1997）、美国达拉斯的纳沙尔雕刻中心（Nasher Sculpture Center, 1999—2003）、美国亚特兰大美术馆增建（High Museum of Art, 1999—2005）、美国芝加哥美术馆扩建（Art Institute of Chicago, 2005—2009）、美国洛杉矶美术馆两次扩建（LACMA, 2003—2008, 2006—2010）、挪威的奥斯陆现代美术馆（Astrup Fearnley Museum of Modern Art, 2002—2012）、美国波士顿的加德纳博物馆（Isabella Stewart Gardner Museum, 2005—2012）、美国马萨诸塞州剑桥哈佛艺术博物馆扩建（Harvard Art Museums, 2009—2014）以及 2013 年完工的金贝尔艺术博物馆增建。承袭康开创的美术馆设计的新思维，皮亚诺以更先进的工程技术做了更进一步的发展，成为当今设计美术馆建筑类型的第一把交椅，堪称是康最得意的传人。

图 1-67 福特基金会总部大楼，纽约，洛奇与丁克路，1963-1968／办公空间环绕中庭花房

1-67

然而先后在耶鲁大学与宾夕法尼亚大学建筑系任教二十多年的康，在校园里播下了什么种子吗？康开创了美国式的学院建筑师的时代，从 20 世纪 50 年代末的摩尔（Charles Moore）与文丘里，20 世纪 70 年代初的纽约五人：艾森曼（Peter Eisenman）、格雷夫斯（Michael Graves）、格瓦德梅（Charles Gwathmey）、海杜克（John Hejduk）与迈耶[46]，到 20 世纪 80 年代中期职掌哈佛设计学院的西班牙建筑师芒尼奥（Rafael Moneo）以及自 1981 年起便在纽约哥伦比亚大学任教的霍尔（Steven Holl）。

## 深思熟虑的设计思考

康在两所顶尖的建筑学府作育英才二十多年，为什么没有任何的学生打着他的旗号，自我标榜为康传人呢？不像密斯提供了一套万能的构筑系统，或是勒·柯布西耶留下了丰富的造型语汇以及能够进一步发展的许多想法，康的建筑设计思考模式是一切从原点出发，如同巴尔泰斯（Roland Barthes）所主张的"零度写作"的想法[47]。

康认为，建筑是不可度量的东西的一种具体表现，建筑尤其是人类对"机构"的表现。这些"机构"源自于"肇始"（beginning），即人渐渐理解自己的"意愿"和"灵感"。"灵感"主要来自于学习、生活、工作、会晤、质疑和表达。康曾举学校为例，说明源自这些"灵感"而来

图 1-68 梅尼尔收藏馆内部，休斯敦，皮亚诺，1982–1987 ／运用自然采光的展览空间

图 1-69 梅尼尔收藏馆外部，休斯敦，皮亚诺，1982–1987 ／外部结构构件

1-68

1-69

的"机构"。"学校一开始是：有个人在树下，他并不晓得自己是老师，和一些不晓得自己是学生的人讨论他的理想。学生思索着彼此间的交流，同时觉得和这个人在一起是多么的好，他们期望自己的孩子也能聆听他的教导。不久空间被构筑起来，第一所学校因而产生。"[48]

以海德格（Martin Heidegger）在《时间与空间》中的用语来说，康告诉我们，人是"在世存有"（dasein）中的基本造型[49]。生命不是任意的，而是一种结构，包括了人与自然。他强调人的"灵感"与"机构"的共通性。"你之所以晓得要设计什么，并非你所意欲为何，而是你感受到物中的秩序是什么。"他以具体的字眼来命名"机构"，例如：
"街道可能是人最早的机构，一座没有屋顶的集会殿堂。"
"学校是一种空间的领域，适合于学习的场所。"
"城市是机构所组合而成的场所。"

这些命名经常引用具体的构筑造型来加以说明。不过康认为，这些造型也暗示着"机构"。他说："在使机构变成一幢建筑物之前，建筑师所做的每件事，都得先对人类的机构负责。"因此建筑是以一般性造型存于人类的在世存有之中。

空间的本性是：想以某种方式存在的精神和意志。"机构"通过他们的特质而成为"具有灵感的房子"，"灵感"这字眼是表示对"已经存在的物"的"理解"。康巧妙地运用英文 realization 同时包含"理解"与"实现"之意，因此一旦能理解，便代表有了实现的能力。"灵感"与"光线"有关，是理解的象征，也是"静谧"和"光线"交会门槛处对"肇始"的感受："静谧"有其渴望为何的意愿，而"光线"则是所有表现的赋予者。

我们的作品是和阴影有关的作品。要达成光线的任务则需材料和结构，因此康说："当光线尚未触及建筑物的翼侧之前，并不晓得自己有多么伟大。"而且"选择结构元素也就决定了光线的特性"，因此结构和材料在设计的一开始就必须加以考虑，并依照光线而发展。"结构是光线的赋予者。一般我们所想要创造的是一个晓得意欲为何的空间。如果能创造出空间的领域，便能使机构生气蓬勃。"空间晓得其意欲为何时，便成为一个房间，亦即：一处有特殊的特性的场所，一间房间的特性。

正如我们平常所见，一开始是由光线和结构的关系所决定，康说："创造一间方正的房间，即赋予房间阳光，以阳光无限的情绪显示出方正。"因此所有的房间都需要自然的光线。"除非有自然的光线，否则我无法界定某种空间确实是那种空间。而且情绪是由一天的时间所创造的，同时，一年四季也经常让人想起那一种空间可能是……"不过结构也有自己的秩序，因此康说："砖梁就是拱。"

一般而言，一幢建筑物应该表现出"被建造的方法"，亦即"其意欲为何"的表征。果真如此，便可论及"有灵感的技术"。"工程和设计不应该是两回事，它们必须是同一件事。"因此技术的实现是机构的化身。就此观点而言，虽然机构被度量成一幢建筑物，不过机构仍是无法度量的。一幢建筑物赋予"光线"一个具体的真实性，因而揭露了"静谧"的秩序。因此建筑作品变成是"建筑的一种奉献"。回响着"静谧"的任何建筑，都表现出一种重返"肇始"，由于存有的基本结构永远不会改变，"会是这样的，永远都会是这样"[50] 成为康最常挂在嘴边的一句话。

正因为如此，康是难以仿效的建筑师。他留下来的建筑传世之作，是历经痛苦折磨的过程而得到的结果，作品里交织着充满矛盾的挣扎，谦卑与自大的纠结。卑微的家世背景跨入学院殿堂，看似一本正经的为人，却有两段留下爱的结晶的外遇；平淡无奇的形式，深藏着深思熟虑的空间，正如他的颜面伤疤背后隐藏着熊熊的烈火，在静谧的黑暗中用心等待光明乍现。

## 参考文献

[1] KAHN L. I. How'm I Doing, Corbusier[M]//LATOUR A., ed. Louis I. Kahn: Writings, Lectures, Interviews. New York: Rizzoli, 1991: 298.

[2] PAUL P. C. Modern Architecture[M]// American Institute of Architects. Significance of the Fine Arts. Boston: Marshall Jones Company, 1923: 181-243.

[3] WISEMAN C. Louis I. Kahn: Beyond Time and Style – A Life in Architecture[M]. New York: W. W. Norton & Company, 2007: 34.

[4] Ibid., 39.

[5] KAHN L. I. The Value and Aim in Sketching[M]// LATOUR A., ed. Louis I. Kahn: Writings, Lectures, Interviews. New York: Rizzoli, 1991: 10-13.

[6] HENRY-RUSSELL H. & PHILIP J. The International Style: Architecture Since 1922[M]. New York: W. W. Norton & Company, 1932.

[7] WISEMAN C. Louis I. Kahn: Beyond Time and Style – A Life in Architecture[M]. New York: W. W. Norton & Company, 2007: 44.

[8] Ibid., 45.

[9] Architectural Forum[J]. 1942(5): 306-307.

[10] Architectural Forum[J]. 1944(12): 116.

[11] STONOROV O. & KAHN L. I. Why City Planning is Your Responsibility[M]. New York: Revere Copper and Brass, 1943.

[12] STONOROV O. & KAHN L. I. You and Your Neighborhood[M]. New York: Revere Copper and Brass, 1944.

[13] KAHN L. I. Monumentality[M]//ZUCKER P., ed. New Architecture and City Planning, A symposium. New York: Philosophical Library, 1944: 77-88.

[14] LESLIE T. Louis I. Kahn: Building Art, Building Science[M]. New York: George Braziller, 2005: 44.

[15] HUFF W. Louis Kahn: Sorted Recollections and Lapses in Familiarities[J]. Little Journal, 1981(9).

[16] KAHN L. I. How to develop New Methods of Construction[M]// LATOUR A., ed. Louis I. Kahn: Writings, Lectures, Interviews. New York: Rizzoli, 1991: 57.

[17] TYNG A. Louis I. Kahn to Anne Tyng: The Rome Letters, 1953-1954[M]. New York: Rizzoli, 1997: 3.

[18] TYNG A. Architecture is My Touchstone[J]. Radcliffe Quaeterly, 1984(9): 6.

[19] TYNG A. Louis I. Kahn to Anne Tyng: The Rome Letters, 1953-1954[M]. New York: Rizzoli, 1997.

[20] WISEMAN C. Louis I. Kahn: Beyond Time and Style – A Life in Architecture[M]. New York: W. W. Norton & Company, 2007: 74.

[21] Ibid., 78-79.

[22] Letters[J]. Progressive Architecture, 1954(5): 16.

[23] GUTHEIM F. Modern Architecture in Yale[N]. New York Herald Tribne, 1953-11-28.

[24] TYNG A. Louis I. Kahn to Anne Tyng: The Rome Letters, 1953-1954[M]. New York: Rizzoli, 1997: 8.

[25] WISEMAN C. Louis I. Kahn: Beyond Time and Style – A Life in Architecture[M]. New York: W. W. Norton & Company, 2007: 86.

[26] WITTKOWER R. Architectural Principles in the Age of Humanism[M]. London: Warburg Institute, University of London, 1949.

[27] KAHN L. I. The Mind Opens to Realizations[M]//BROWNLEE D. B, DE LONG D. G., eds. Louis I. Kahn: In the Realm of Architecture. New York: Rizzoli, 1991: 78-79.

[28] WISEMAN C. Louis I. Kahn: Beyond Time and Style – A Life in Architecture[M]. New York: W. W. Norton & Company, 2007: 9.

[29] BRAUDY S. The Architectural Metaphysica of Louis Kahn[J]. New York Times Magazine, 1970-11-25: 86.

[30] HUFF W. Louis Kahn: Sorted Recollections and Lapses in Familiarities[J]. Little Journal, 1981(9): 12.

[31] BANHAM R. The Buttery-hatch Aesthetic[J]. Architectural Review, 1962(3): 206-208.

[32] GREEN W. Louis I. Kahn, Architect, Alfred Newton Richards Medical Research Building[J]. Museum of Modern Art Bulletin, 1961(28): 3.

[33] SCULLY V. Louis I. Kahn[M]. New York: George Braziller, 1962: 27-30.

[34] SNOW C. P. The Two Cultures and the Scientific Revolution[M]. Cambridge: Cambridge University Press, 1959.

[35] WISEMAN C. Louis I. Kahn: Beyond Time and Style – A Life in Architecture[M]. New York: W. W. Norton & Company, 2007: 119.

[36] KAHN L. I. Address[M]//LATOUR A., ed. Louis I. Kahn: Writings, Lectures, Interviews. New York: Rizzoli, 1991: 216.
[37] WISEMAN C. Louis I. Kahn: Beyond Time and Style – A Life in Architecture[M]. New York: W. W. Norton & Company, 2007: 135.
[38] Ibid., 132.
[39] VENTURI R. Complexity and Contradiction in Architecture[M]. New York: The Museum of Modern Art Press, 1966.
[40] KOMENDANT A. E. 18 Years with Architect Louis I. Kahn[M]. Englewood, NJ: Aloray, 1975: 83.
[41] WISEMAN C. Louis I. Kahn: Beyond Time and Style – A Life in Architecture[M]. New York: W. W. Norton & Company, 2007: 187.
[42] Ibid., 202.
[43] LE CORBUSIER & SAUGNIER. Vers une Architecture[M]. Paris: Crès, 1923.
[44] WISEMAN C. Louis I. Kahn: Beyond Time and Style – A Life in Architecture[M]. New York: W. W. Norton & Company, 2007: 247.
[45] Twenty-five Year Award Recipients. The American Institute of Architects, http://www.aia.org/practicing/awards/AIAS075247
[46] Five Architects[M]. New York: George Wittenborn, Inc., 1972.
[47] BARTHES R. Le Degré zéro de l'écriture[M]. Paris: Seuil, 1953.
[48] KAHN L. I. The Room, the Street and Human Agreement[M]//LATOUR A, ed. Louis I. Kahn: Writings, Lectures, Interviews. New York: Rizzoli, 1991: 263-269.
[49] HEIDEGGER M. Sein und Zeit[M]. Halle: Max Niemeyer, 1927.
[50] WURMAN R. S., ed. What Will Be Has Always Been. The Words of Louis I. Kahn[M]. New York: Rizzoli, 1986.

Part **2**

# 空间本质的探寻
## 路易斯·康代表性作品赏析

一种充满纪念性氛围的静谧空间特质，在光线的呈现下，触动了每个人的心灵。当阳光从结构的开口洒落，空间仿佛诗歌般揭示构筑的真理，宁静地体现出空间内在意欲为何的特质。

回顾 20 世纪建筑的发展，是一连串对文化、材料与工程技术的革新历程。建筑从古典形式与空间特质中蜕变成抽象的几何形体，空间的类型与机能也日趋繁复。

现代主义建筑师逐渐发展出一套遵循规划报告书以及仰赖环境控制设备，来维持室内空间舒适度的设计操作模式。直接回应工程技术的建筑体量逐渐占满了都市街廓，世界各地也陆续出现由几何形体所组成的天际线与城市风貌，地方环境的气候性差异与文化特质，在建筑技术的进步下，慢慢地消失在人们的空间体验之中。

有别于现代主义建筑师追求机能与形式的内外对应关系，美国建筑师路易斯·康探索空间本质与展现构筑形式的设计思维，让他的建筑作品从 20 世纪 50 年代初期开始，便在现代建筑史的发展过程中占有一席之地。有如哲学家般的设计思考模式，在他的演讲与作品中，往往触发更多对建筑材料与空间的想象。一种充满纪念性氛围的静谧空间特质，在光线的呈现下，触动了每个人的心灵。

他追求构筑合理性的设计思维，反对现代主义建筑隐藏构筑逻辑的表现形式。他认为建筑师不应该从计划书中开始设计的操作，而应该思考空间"意欲为何"的最初本质，通过画笔妥善地安排每个构筑的环节，真实地展现空间建构的过程。为了不隐藏任何空间被服务与被建构的过程，他用心地展现材料的特性，在组合结构建构空间的过程中，整合设备传输的管线，让人的感官体验能够清晰地辨识出服务与构筑空间的逻辑关系。当阳光从结构的开口洒落，空间仿佛诗歌般揭露构筑的真理，宁静地体现出空间内在意欲为何的特质。

自从 1979 年，路易斯·康的第一幢公共性作品耶鲁美术馆，获得美国建筑师协会的"二十五周年建筑作品奖"之后，至 2005 年为止，他已有五幢公共性作品获得此奖项的肯定，包括：耶鲁美术馆、萨克生物研究中心、菲利普斯·埃克塞特学院图书馆、金贝尔艺术博物馆以及耶鲁大学英国艺术中心，着实证明其作品对于建筑发展的重要性。

我们可以从这些获奖作品的发展缘起、细部图面与重新绘制的 3D 模型中，了解路易斯·康如何应用实质的构造元素，来整合设备管线的设计思维与细部的构筑手法，以及其与国际样式建筑的设备整合模式之间的差异性，进而从构筑的观点来重新阅读路易斯·康作品的迷人之处。

建筑的纪念性起源于结构的完美，结构的完美大部分产生在令人印象深刻而明晰的形式和具有逻辑的尺度上[1]。

# ① 耶鲁美术馆

## 1951—1953

耶鲁美术馆最早兴建于 1926 年，由建筑师史瓦特伍特配合整体校园形式，设计成具哥特式特征的美术馆建筑。然而，由于赞助基金的终止，工程被迫于 1928 年停止进行，遗留了一处庭园和基地西半部超过 2/3 的面积未能兴建；直到 1941 年，耶鲁大学获赠了超过六百件的当代艺术创作，校方才有感于展览空间扩建的必要性，开始着手规划美术馆增建的相关事宜。

有鉴于馆藏艺术品的类型与当时现代主义设计思潮之发展，校方不再坚持美术馆增建必须回应校园既有纹理的规划观念，并且委托纽约现代美术馆的规划建筑师古德温负责新馆的设计工程。为了回应校方所收藏的当代艺术品之特性，古德温提出了一个标准现代建筑样式的设计方案——简单的几何体量、大面积的玻璃帷幕以及无装饰的立面造型，为耶鲁大学传统的校园环境注入了另一股新的空间氛围。然而当时正值第二次世界大战尾声之际，美国联邦政府对于大型建设的兴建多加限制，加上校方也缺乏足够的兴建预算，在此现实环境压力下，新建计划又再度被迫终止。

1950 年，耶鲁大学校长由格里斯沃尔德接任，他有意在校园中推动新公共空间与现代建筑的发展，美术馆的扩建计划终于又露出曙光。当年秋天，先前的建筑师古德温随即提出重新履行合约的申请，然而校方却提出重新修改设计方案与紧缩预算的要求，并建议合组规划设计团队。古德温于是决定放弃设计权，而推荐由豪尔或埃罗·沙里宁为继任建筑师人选。

然而埃罗·沙里宁以另有重要委托案为由予以婉拒，并推荐当时正于罗马研习的路易斯·康为合适的建筑师。由于当时正值朝鲜战争的关键时刻，联邦政府对于大型建设的审核更加严格，校方于是拟定出具教育、研究与展示三项主要功能的美术馆空间计划，包含作为建筑系系馆与美术馆增建的展示空间，并要求规划建筑师必须将美术馆设计成一个能够提供弹性使用机能的大跨度空间。

1951 年当康自罗马返回美国后，随即投入美术馆的设计工作。在初期的提案中，延续了古德温现代建筑的设计方向，不同的是，康采用了大斜坡的空间形式来解决设计问题，然而由于斜坡的比例过大，而且并不能妥善地形塑出大跨度的弹性使用空间。为此，康修改了平面结构的模具，将其变更为具方向性的矩形平面，也回应了基地中既有的几何脉络。

图 2-1 耶鲁美术馆，纽黑文，路易斯·康，1951–1953／一楼平面图

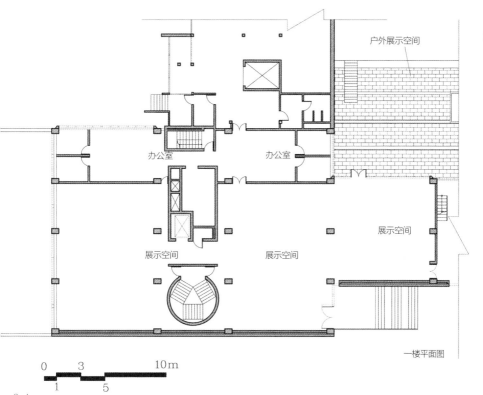

户外展示空间

办公室　　　　办公室

展示空间

展示空间　　　展示空间

一楼平面图

0　　3　　　　10m

1　　　5

2-1

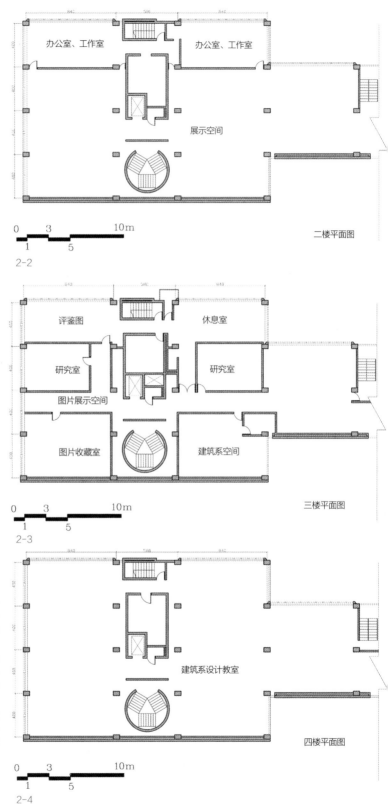

办公室、工作室　　　　办公室、工作室

展示空间

0　　3　　　　10m
1　　　5

二楼平面图

2-2

评鉴图　　　　　　　休息室

研究室　　　　　　　研究室

图片展示空间

图片收藏室　　　建筑系空间

0　　3　　　　10m
1　　　5

三楼平面图

2-3

建筑系设计教室

0　　3　　　　10m
1　　　5

四楼平面图

2-4

图 2-2 耶鲁美术馆，纽黑文，路易斯·康，1951-1953／二楼平面图

图 2-3 耶鲁美术馆，纽黑文，路易斯·康，1951-1953／三楼平面图

图 2-4 耶鲁美术馆，纽黑文，路易斯·康，1951-1953／四楼平面图

2-5

图 2-5 耶鲁美术馆，纽黑文，路易斯·康，1951-1953／设置于南向立面转角处的美术馆入口

新方案的建筑体量被分割成三个主要空间，由两个 8.4 米宽的展示空间结合中心的服务空间所组成【图 2-1~ 图 2-4】；美术馆入口设置于南向立面的转角处，引导参观者由转角沿着展示空间的边缘进入室内【图 2-5】。为了回应耶鲁大学校园传统的空间氛围，康采用红砖来形塑南向立面的建筑表情；而考量采光与提供室内空间眺望校园景致的需求，美术馆的北侧与西侧则设计成玻璃帷幕的立面形式。康融合了传统与现代的设计手法，完成了耶鲁大学第一幢现代样式的美术馆建筑。

考量到大跨度空间的施工过程，和朝鲜战争时期金属材料的使用限制，以及日后空间机能上的弹性分隔，1951 年 8 月，康在结构工程师普菲斯特尔的建议下，采用了单跨的混凝土柱梁系统，并调整了平面的结构配置，将服务核置于平面的中心。同时，如何在内部空间的混凝土组构过程中，整合机械设备与照明的问题，也开始在设计过程中考虑。

首先，康的做法是：借由小梁和曲形混凝土板间的空隙藏匿空调和机械管线，空调冷气由小梁下缘排出，并通过拱形板面反射照明光线，最后再将管线整合于服务核的大梁内【图 2-6】。康认为，在混凝土的组构过程中，如果构件的形状是适宜的，就能够整合设备系统。然而这样的方式，并不符合他自己于 1944 年发表的纪念性（Monumentality）文章中所提出的"完美结构"的概念。拱形的混凝土板面遮蔽了构造元素彼此间的组构关系，也未能真实地呈现出设备与构造系统整合的逻辑秩序，康表示，这样的做法失去了真实的空间表现力。

1952 年 3 月，康对于整合设备系统的楼板构造做了一次全面性的修改。将拱形混凝土板的整合方式，变更为四面体混凝土楼板系统。这个设计概念的形成，是由事务所同事安妮对于空间桁架的几何操作而来，其中融合了富勒于 1950 年所做的八位元组桁架（Octet-Truss）实验，和她之前曾短暂工作过的事务所老板瓦克斯曼对于三度空间桁架所开发的技术。她也曾应用这样的技术，为宾夕法尼亚的一所小学办公室设计了一个屋顶棚架系统。

在发展美术馆楼板构造的过程中，康回复安妮对于结构系统的疑问："如果你没有应用一种革新的结构，你为何烦恼于美术馆的建造？"[2] 康表示，在空间桁架的空隙中，隐含着设备管线行进的秩序。三度空间桁架的构造特性，启发了康构想出四面体混凝土楼板系统，来整合设备

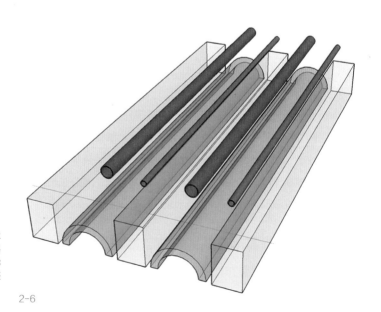

图 2-6 耶鲁美术馆，纽黑文，路易斯·康，1951—1953／拱形混凝土板整合透视图

2-6

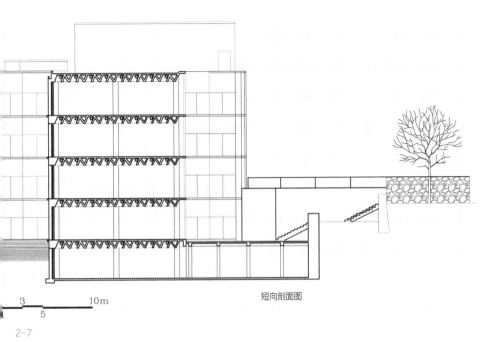

短向剖面图

3　　　10m
5

2-7

图 2-7 耶鲁美术馆，纽黑文，路易斯·康，1951-1953／短向剖面图揭露四面体楼板构造与空间的组成关系

管线的空间组构思维。

最终，特殊的四面体楼板系统不仅整合了设备服务与照明系统，也定义了楼板底下大跨距的空间特性以及弹性的使用机能【图2-7】。时至1963年，由美国建筑师鲁道夫所设计完成的艺术与建筑系馆落成为止，耶鲁美术馆才正式专门作为展示当代艺术作品的美术馆空间使用。

1957年2月，康接获了理查德医学研究实验室的委托案。这是继

一位科学家就像是艺术家一样……他喜欢在工作室内工作 [3]。

# ❷ 理查德医学研究实验室

## 1957—1964

1954 年的犹太社区活动中心后，路易斯·康所接获的较大规模的公共建筑设计案，也是他首次实践高层结构的建筑作品。

理查德医学研究实验室的设计发展，在空间概念的探索上，深受犹太社区活动中心的影响【图 2-8】。在此之前，康于耶鲁美术馆的设计中，通过楼板构造细部上的操作，实践了他所谓建筑空间是"空心石头"的想法。在犹太社区活动中心的设计操作中，康将这样的概念提升到了实质空间结构的组构关系中，也就是他所强调的服务与被服务空间整合的想法："**主要空间的特性，可以借由服务它的空间得到进一步的彰显，储藏室、服务间、设备室不应该是由大的空间中区隔出来，它们必须拥有自己的结构。**" [4] 如此才能赋予空间层级有意义的组成与造型。

关于实验室空间特质的体悟，康认为，研究与实验空间是实验室建筑类型设计的两大主轴，它们是科学家内在精神特质的具体化实践，必须从空间的内在意欲中体悟出秩序，而结构赋予了秩序体现的逻辑。康进一步阐述："一位科学家就像是艺术家一样……他喜欢在工作室内工作。"为此，在实验室内部空间的布局上，康将研究区域配置在空间的四个角落，以便获得足够的光线与视野，而实验操作区域则设置在平面的中央，并由建筑结构的组合特质来加以区分。

在最初的提案中，康设计了一个主要的设备楼栋和三个独立的实验室塔楼，每个塔楼均为正方形的平面规划，并于其周边中央配置楼梯与排气塔楼。三个实验室塔楼以风车式的联结方式与中央设备大楼结合，并将主要的机械设备和实验动物管理室，配置于中央设备大楼的各楼层中。在初期的平面方案中，排气与楼梯塔楼以不同的几何形式，传达出它们在机能上的差异性。此外，在结构上也均独立于实验室塔楼的结构系统，形成了服务空间独立于被服务空间的空间结构逻辑，清晰地说明了空间结构上的主从关系，以及实验室空间的进气与排气的空间特性。正因如此，康于外在形式的操作上，也试图强化这样的空间组成特质，就如同在排气塔楼的设计中，康认为，排气塔楼的体积规模应直接地反映出各种不同排气的量，从最底层向上逐层增加，借由服务空间形式上的表现，明确地反映出被服务空间内在的机能需求与特性【图2-9、图2-10】。

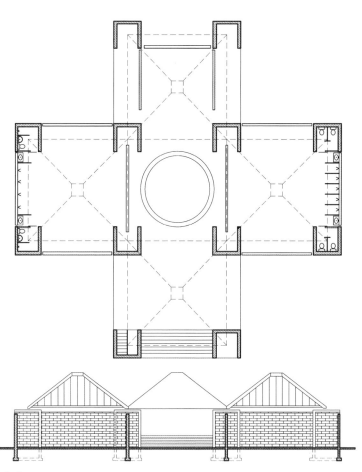

图2-8犹太社区中心更衣室，特棱顿，路易斯·康，1954-1958／服务与被服务空间在平面及剖面图上的组成关系

2-8

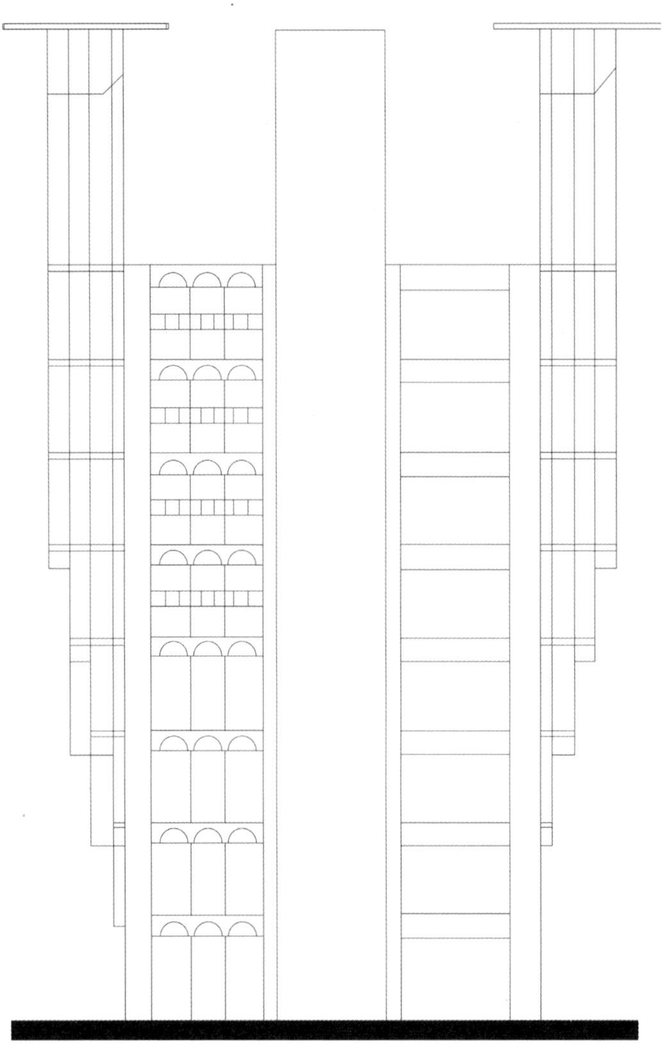

图 2-9 理查德医学研究实验室，费城，路易斯·康，1957-1964 / 设计初期立面图（逐层增加的排气塔楼）

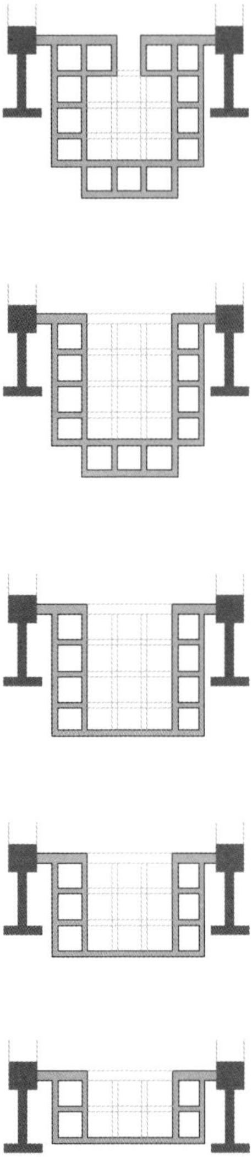

图 2-10 理查德医学研究实验室，费城，路易斯·康，1957-1964 / 设计初期排气塔楼平面图（逐层增加的排气设备空间）

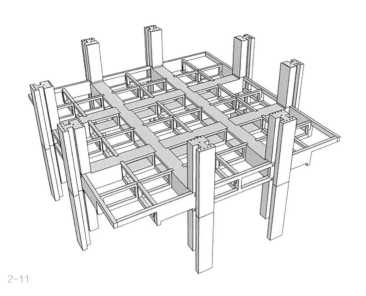

2-11

图 2-11 理查德医学研究实验室，费城，路易斯·康，1957-1964 / 结构骨架单元

另一方面，康利用现场浇注混凝土的方式来建构中央设备大楼，实验室塔楼则应用预浇注混凝土构件组装而成，试图通过结构系统来区分设备大楼和实验室塔楼在空间特性上的差异。除此之外，在整合两者和设备管线上，康认为，结构的秩序除了形塑建筑的骨架之外，同时还要能整合设备管线。因此，康在构想实验室塔楼的结构系统时，同时也在思考各种整合设备管线的可能性。

然而，和耶鲁美术馆面临相同的命运，理查德医学研究实验室的设计过程中，也遭遇了预算缩减的压力。康被迫必须精简设计方案，其中包括塔楼形式和结构系统等。原本反应排气量的阶梯状塔楼形式，被迫修改成单一体量的独立构造；而九宫格的结构单元，也精简成四等分的模矩形式【图 2-11】，整体外部造型和内部结构形式，均做了大幅度的调整，唯独中心设备大楼和实验室塔楼的场制和预制的钢筋混凝土构筑逻辑未做调整【图 2-12~ 图 2-14 】。

在施工的过程中，康曾经陪同埃罗·沙里宁到工地参观，埃罗·沙里宁针对整体结构所呈现的空间特质问道："你认为这栋大楼是建筑上的成功还是结构上的成功？"康回答："**结构和建筑是不能被分开的，它们彼此共生。**"[5]

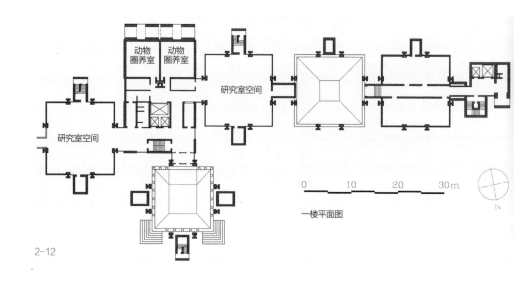

动物圈养室　动物圈养室

研究室空间

研究室空间

0　　　10　　　20　　　30m

一楼平面图

2-12

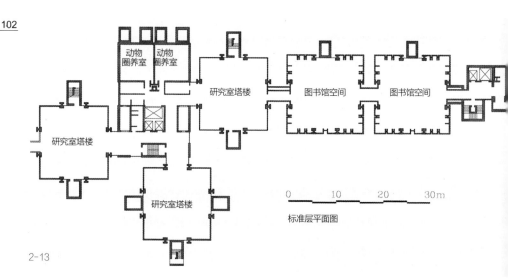

动物圈养室　动物圈养室

研究室塔楼

图书馆空间　图书馆空间

研究室塔楼

研究室塔楼

0　　　10　　　20　　　30m

标准层平面图

2-13

图 2-12 理查德医学研究实验室，费城，路易斯·康，1957–1964 ／一楼平面图

图 2-13 理查德医学研究实验室，费城，路易斯·康，1957–1964 ／标准层平面图

理查德医学研究实验室的塔楼，便是借由三向度的预力混凝土的构筑方式，清晰地展现结构上整体的骨架形象，并且传递出其内在形式所具有的结构特性，进一步将建筑看不见的特质，通过结构的实质呈现，而实际存在于世界上，让人们的感官体验明确地辨认出来。换言之，理查德医学研究实验室的结构形式，说明了空间是如何被建构出来，并且展现出具有空间内在特质的外在形式特征【图2-15】。

2-14

图 2-14 理查德医学研究实验室，费城，路易斯·康，1957–1964 ／ 中心设备大楼与排气塔楼的外部形式

图 2-15 理查德医学研究实验室，费城，路易斯·康，1957–1964 ／ 楼梯塔楼与整体结构骨架的关系

2-15

研究机构是一处可以邀请毕加索与科学家进行会面讨论的场所[6]。

# ③ 萨克生物研究中心

## 1959—1965

20 世纪 50 年代，萨克教授带领着一群生命科学家钻研于生物与医学领域。他们认为，提高和维持人类健康的方法，不只是为了预防和治愈疾病，更重要的是能够促进生命科学研究的进步。相较于当时冷战时期太空和军事科学领域的发展，他们更重视科学家的社会责任——强调对人文的关怀与生命的尊重，是萨克生物研究中心成立时的最高宗旨。为此，萨克教授于 20 世纪 50 年代末期开始，着手策划生物研究中心的筹建事宜。

1959 年理查德医学研究实验室正值兴建之际，它的设计成果早已是美国社会舆论的焦点。就在同年 12 月，萨克教授在朋友的引荐下，来到理查德医学研究实验室的施工现场参访，并和康作了初步的接触，一同对实验室的设计交换了彼此的想法。1960 年 1 月，萨克教授随即邀请康一道前往筹划基地拉由拉，勘查周遭环境条件。会勘后发现，由于地形的限制，大部分的土地均不利于建筑物的建造。

1960 年 3 月，康向萨克教授提出了一个初步方案，主要是依循理查德医学研究实验室塔楼的规划设计模式。实验室塔楼配置在圆形的平台上，住宿和游憩单元规划于峡谷两侧，会议厅坐落于基地西北角面向太平洋的方向。然而，初期方案在配置上有一些缺失。首先，实验室塔楼的配置方式并不均等，视野与可及性条件，西侧塔楼均优于东侧。除此之外，宽广的基地条件并不适合配置簇群的高层建筑结构。康于草案提出后不久，随即推翻了这项设计提案。

于 1962 年，不同于理查德医学研究实验室垂直塔楼的实验室空间模式，在第二次的方案中，康提出了一个新的服务空间类型，改采低楼层水平长向的配置方式，并允许未来实验室空间人数和机械设备上的成长。另一方面，空间组织上，也反应出科学家日常生活中研究思考和实验操作之间作息上的差别。为此，康将心灵活动的研究空间从实验室的工作空间中独立出来，也回应了萨克教授重视人文和科学融合的抽象议题，使得研究人员在实验操作和研究思考的过程中，能够保有心灵上精神转换的机会。

在整体的配置上，实验室总共分为四个主要区块：两个区块分配一个中庭花园，排气及设备塔楼被规划于每个区块的南北两侧，面对中庭花园的部分则设置研究室；中庭的西侧尽头，配置半圆形的讨论室，并提供眺望西侧远景的露台。除此之外，住宿和游憩单元被整合于峡谷的南端，会议室则保留于基地西北角的位置上【图2-16】。

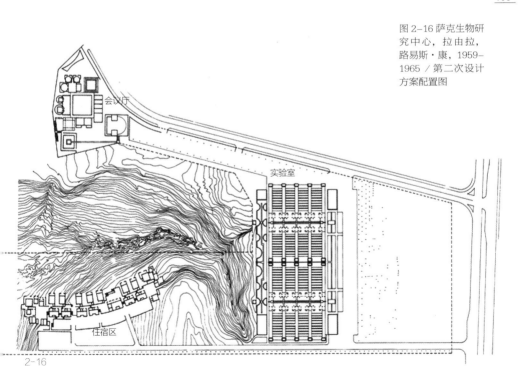

图2-16 萨克生物研究中心，拉由拉，路易斯·康，1959-1965／第二次设计方案配置图

2-16

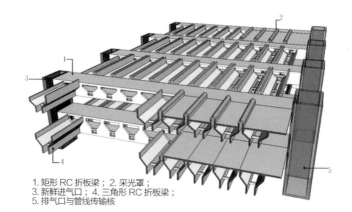

图 2-17 萨克生物
研究中心，拉由拉，
路易斯·康，1959–
1965／折板混凝土
构造透视图

1. 矩形 RC 折板梁；2. 采光罩；
3. 新鲜进气口；4. 三角形 RC 折板梁；
5. 排气口与管线传输核

2-17

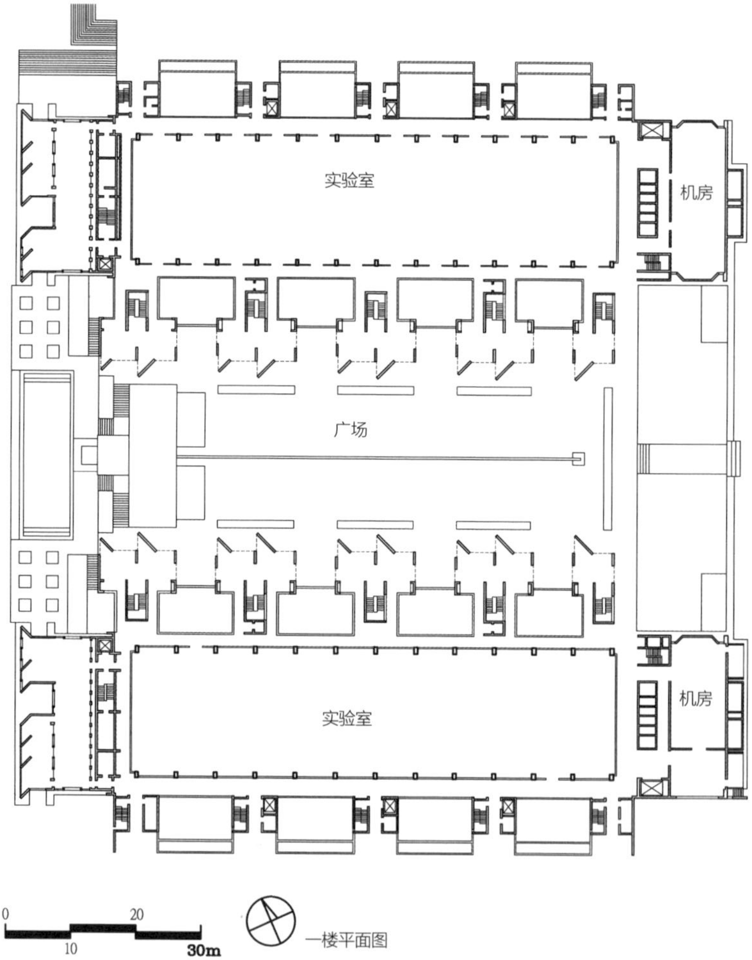

图 2-18 萨克生物
研究中心，拉由拉，
路易斯·康，1959–
1965／一楼平面图

实验室

机房

广场

实验室

机房

0    20
  10
      30m

一楼平面图

2-18

针对理查德医学研究实验室塔楼设备管线外露导致灰尘累积的问题，康在萨克生物研究中心的实验室设计上，做了几项修正：设备管线不再是整合于结构骨架的空隙，而是通过新的结构形式，将其整合于独立的空间中。康设计出了矩形和三角形的混凝土折板梁体，不仅担负结构承载的角色，其断面深度还以两人可以爬行进入维修的尺度来加以设计，这也是康第一次应用水平向独立结构的观点，来思考构造和设备管线的整合问题【图 2-17】。

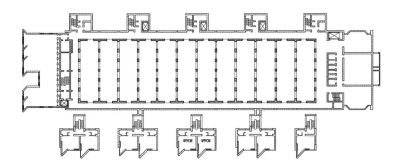

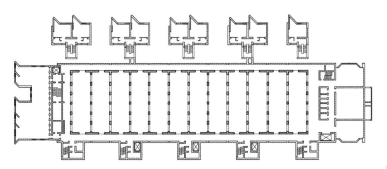

图 2-19 萨克生物研究中心，拉由拉，路易斯·康，1959-1965 / 二楼平面图

2-19

然而，第二次折板系统的提案仍未获得萨克教授的青睐，他对于四个实验室体量的配置和内部空间的尺度有所质疑，认为两个中庭花园的设计是一种离散的空间形态，并不能增进研究人员彼此间交流互动的机会。除此之外，萨克教授也要求，实验室空间要在机能使用上更为弹性的做法，三角形折板构造整合设备的形式太过制式，降低了设备系统机能上调度的可能性。由于这些原因，萨克先生要求康，必须重新发展配置计划，这对康来说，无疑是一种时间和精神上的双重打击。

然而，在检讨了设计方案后，康也发现了几项缺失：实际上，三角形折板的混凝土构造，留给通风管线的空间配置明显不足；而且施工人员并无法携带大型机具进入更换和维修管线；最主要的是，实验室空间中跨距过大，将导致设备系统彼此间的联系出现问题。

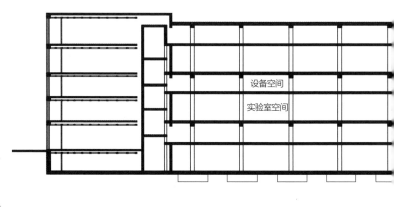

图 2-20 萨克生物研究中心，拉由拉，路易斯·康，1959–1965 / 长向剖面图

设备空间

实验室空间

长向剖面图

0    10    20    30m

2-20

1962 年 5 月，康提出了第三次修正方案，基本上仍是延续了三角形混凝土折板方案中南北两侧配置服务塔楼和研究室的空间模式，不同的是，将原本四幢具备两个实验室楼层的体量，调整成两幢具备三个实验室楼层的配置方式，并于每幢实验室体量的西侧，增加了办公室、行政管理和图书空间，东侧则设置主要的机械设备层【图 2-18~ 图 2-20】。在此新的方案中，服务和被服务的空间概念，不只在平面结构上有所区分，在剖面的垂直关系中，也透露出两种空间形态组构上的特性。

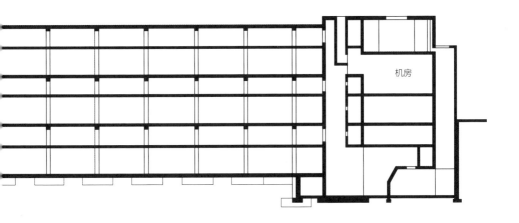

在你亲近书本之前，世界是静止的[7]。

# 4

# 菲利普斯·埃克塞特学院图书馆

## 1965—1972

菲利普斯·埃克塞特学院图书馆的新建工程，初期历经了一波三折的建筑师遴选过程，当时康才刚结束萨克生物研究中心繁重的兴建工程。在校方苦思不着最合适的人选之际，恰巧萨克教授的儿子正就读于菲利普斯·埃克塞特学院，借此机会，萨克教授将康推荐予图书馆兴建筹备委员会[8]。再者，校方重视教育中朴实的本质，与康重视内在意欲的设计思维不谋而合。1965年11月，校方正式委任康为图书馆设计建筑师，初期的规划目标中明定"此图书馆的特质必须能够激发全体教职员工与学生的工作和学习"[9]，以此为蓝图，开启了康与菲利普斯·埃克塞特学院合作的第一步。

思索图书馆空间本质的过程中，康深深地感受到书本无以衡量的价值："书本极其重要，没有人曾经付清过一本书的价值，他们仅仅付清了它的印刷费用。"[10]进一步康认为，它在机能上是一幢图书馆，在精神上是一幢教堂[11]，是一种对书本表达出虔诚敬意的场所："书是一种奉献……图书馆则告诉大家关于这样的奉献。"[12]

从初期的设计方案中即可看出，康试图借由红砖的承重构造，传达出一种中世纪修道院般神圣静谧的空间特质，一处有着天井采光与隐秘座席的空间形态【图2-21】。此外，思考了光线、书本与人之间的互动模式，康曾经提出"图书馆空间的起源来自于一个人拿着书本走向光明"[13]。换言之，其空间本质象征着人、书本与光线的结合。而在图书馆藏书与阅读区不同的空间结构中，康认为，光线是生成与区别其空间特质的重要元素，使得书与读者产生了动态的结合。

早在1956年参与华盛顿大学图书馆的设计竞图时，康就曾对图书馆的空间建构提出，以结构与光线来揭示其内在意欲的想法："我们企图发现某种可以很自然地容纳阅读小区的构造系统，我想在靠近建筑外围的区域设立有着自然采光的阅读小区，似乎是不错的点子。"[14]十年过去，这个对图书馆空间特质的领悟，终于在埃克塞特学院图书馆结合红砖与钢筋混凝土结构系统的构筑逻辑中实现。

为了形塑图书馆的空间特质与回应校园中新乔治亚式（neo-Georgian）的砖红色建筑样式，在设计的发展过程中，康借由砖构造的组构方式，呈现一种古体的空间氛围，由光线与结构形式来界定整体的空间组成，从壁龛式阅读空间的厚实的墙面采光与砖拱回廊，可以发现，康对中世纪修道院图书馆的空间回响【图2-22】。

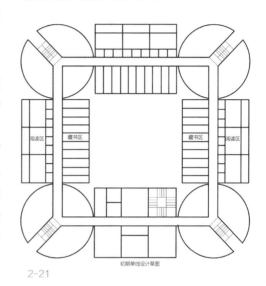

初期单线设计草图

2-21

2-22

图2-21 菲利普斯·埃克塞特学院图书馆，埃克塞特，路易斯·康，1965–1972／1966年中初期设计方案平面图

图2-22 圣玛利亚教堂（S. Maria della Pace），罗马，布拉曼特，1500–1504

在设计初期，康原本将整体规划为承重的砖造建筑，碍于校方预算之压力，而将其修改成钢筋混凝土构造与砖构造两套系统的整合方式[15]。主要的结构承载与藏书空间，由内部的钢筋混凝土柱梁系统来支撑，人与书互动的阅读空间则由红砖构造来加以形塑，清楚地描绘出康对"建筑中的建筑"[16] 的空间操作理念【图 2-23】。

图书馆中央的藏书空间，屋顶上方由两道十字形钢筋混凝土深梁所建构的采光天窗，迎来了由上洒落的日光，诠释了康对 18 世纪法国建筑师布雷（Etienne-Louis Boullee）所设计的图书馆空间原形的回响：一个关于"图书大会堂"（Library Hall）的想象。康曾提及："**图书馆空间的感觉应该是：你来到了一个充满书籍的会场。**"[17] 光线与结构形塑了一个庄严神圣的藏书空间，一种让人心情平静的宗教性空间氛围，不仅传达出对书本的虔诚敬意，也展现出康所阐述的"空间不可量度"的内在意欲特质。

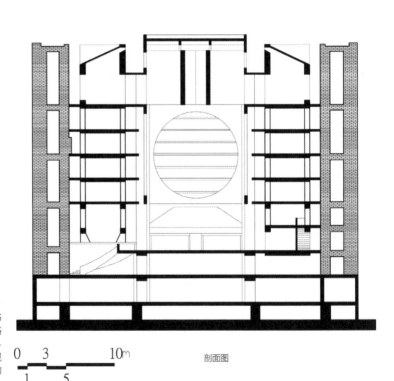

图 2-23 菲利普斯·埃克塞特学院图书馆，埃克塞特，路易斯·康，1965-1972 ／剖面图展现了红砖与 RC 结构的组成关系

0  3  10m
1  5

剖面图

2-23

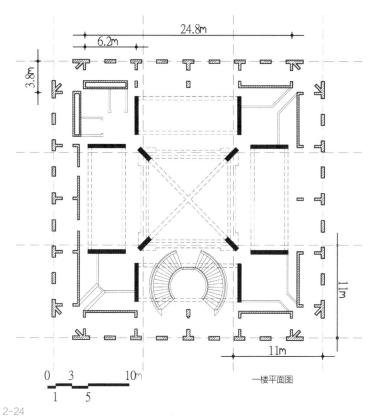

24.8m

6.2m

3.8m

11m

11m

0 3 10m
1 5

一楼平面图

2-24

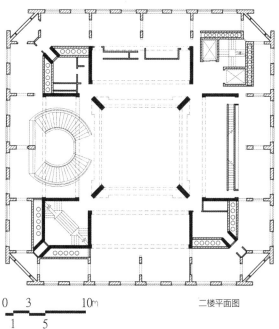

0 3 10m
1 5

二楼平面图

图 2-24 菲利普斯·埃克塞特学院图书馆，埃克塞特，路易斯·康，1965–1972 ／一楼平面图

图 2-25 菲利普斯·埃克塞特学院图书馆，埃克塞特，路易斯·康，1965–1972 ／二楼平面图

2-25

相较于由钢筋混凝土所建造的藏书空间，阅读小区则是由传统砖造结构与技术，体现出古体的空间氛围。阅读小区、藏书区与中央会堂由三种不同的结构形式所形塑，康实践了他认为由结构形式来展现空间特性的构筑思维。

在最后的设计阶段，康将原本砖造的半圆拱修改成平拱（jack arch）的构造形式。由于在地质钻探的过程中发现，基地周围饱含丰沛的地下水量，土壤质地也不稳定，使得原本两层楼高的地下储藏与机械设备空间，必须调整为 1 层楼的高度，基础形式也改为筏式基础，最终整体建筑规模维持在 9 层楼的建筑高度，由外侧的阅读空间包覆内侧的藏书空间与采光内庭而成【图 2-24~ 图 2-26】。

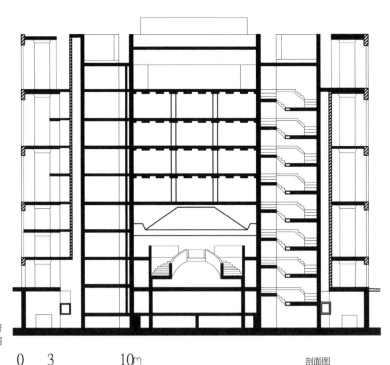

图 2-26 菲利普斯·埃克塞特学院图书馆，埃克塞特，路易斯·康，1965–1972／剖面图

0　3　　10m
1　5

剖面图

2-26

想想看，如果我们借由一些线索能够找到建筑的起点，并且借由这些线索，我们将很容易地说明这幢建筑的空间是如何被建造完成的。当然我们在介绍柱子或任何的构造物时，都必须是在有光线的情况之下。我认为，除非空间中有自然光，否则不能称之为建筑空间，人工光无法照亮建筑空间，因为建筑空间必须让人感受到每年、每季、每日时光的不同……[18]

# 5 金贝尔艺术博物馆

## 1966—1972

金贝尔艺术基金会成立于 1935 年，由美国得克萨斯州沃斯堡市当地的食品业巨子与艺术收藏家金贝尔所创设。1948 年，当他的收藏品第一次于沃斯堡市立图书馆公开展示时，便有感于必须为这些艺术收藏品找到一处合适的展示与保存空间。然而，这项计划直至 1964 年金贝尔先生逝世后，由他的遗孀依据其遗嘱捐出一半的资产才付诸实现。

随后，基金会聘请了在美术馆营运与管理上非常专业的布朗为筹备馆长，他为金贝尔艺术博物馆的新建拟定了清楚的方向，包括光线控制、人性尺度与简洁精致的空间特质等，都被详列在建筑计划里。初期，在建筑师的遴选过程中，布朗很欣赏康对于每一个案子都能抱持着创新设计与研究问题的精神，于是在 1966 年 10 月向基金会推荐康为艺术博物馆设计建筑师。

在设计初期的讨论中，布朗指出，未来金贝尔艺术博物馆的完成将对建筑艺术的历史有所贡献，而不只是在机能和运作成效上有所突破。其中，布朗认为，艺术博物馆的人性尺度与参观者的空间体验，是设计发展过程中最关键性的因素。除此之外，思考得克萨斯州强烈的日照光线对于视觉、物理环境和艺术作品所造成的影响，布朗也提出了自己的看法。他强调"一个理想视觉情境的创造，涉及物理、生理和心理等所有感知的标准，但是在此计划中，并不是模仿一个可计量的、物理或生理的反应，而是模仿一个心理的结果，这是关于参观者他于一天时间的运行变化中欣赏艺术品的实质感受"[19]，而这也是金贝尔艺术博物馆考量自然采光最初的设计原则。

1967年3月，康提出了第一个设计方案，这是一个有着梯形折板屋顶、模具化重复平面单元的正方形配置提案【图2-27】。不同于13年前耶鲁美术馆开放的大跨距展示空间，康试图借由细长形的结构单元来定义出主要的空间秩序。而折板的屋顶构造与中央裂缝的采光模式，则是源自于萨克生物研究中心当初放弃的三角形折板的构造形式。相较于耶鲁美术馆中四面体混凝土楼板系统强制性的设备整合方式，金贝尔艺术博物馆初步设计的模具化构造单元，提供了设备整合上可控制的弹性操作方式。然而，由于配置的面积过于庞大，背离了原先所拟定的人性化和谐比例，也大过于周遭邻近建筑物的尺度，日后的营运成本势必提高。这个方案随即遭到布朗的否决，并要求必须对配置规模重新加以调整。

同年7月，康提出了第一次修改方案，主要针对配置形式和采光形态进行调整，将原本正方形的配置形式缩减成H形的平面配置，东、西两侧的配置区块通过中央拱廊加以联结，删除了多余的回廊和展览厅的面积。而自然采光的屋顶形式，则由梯形的折板构造修改成半圆形的拱形屋顶。值得一提的是，在这次的提案中，康开始思考应用照明反射器的

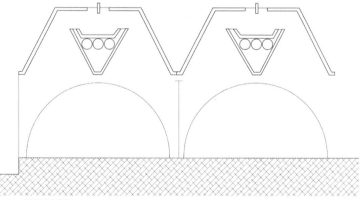

图2-27金贝尔艺术博物馆，沃斯堡，路易斯·康，1966–1972／梯形与三角形折板方案

2-27 梯形屋顶草图

问题，希望通过其反射曲率，将自然光线反射至屋顶构造表面，并且又能漫射部分光线至展示空间中。为此，将原本整合管线的三角形折板构造变更成位于屋顶起拱点的水平构造孔隙，而拱顶的中央裂缝处则以曲面的光线反射器取代之。

H 形的平面配置虽然缩小了整体规模，然而室内空间的比例尺度，仍未符合布朗强调人性尺度的要求，这样的僵局直到路易斯·康事务所的同事梅耶（Marshall Meyers）于德国建筑师安格尔（Fred Angerer）所著的《建筑的表面结构》（Surface Structures in Building）一书中，获得了改善拱顶曲率的灵感后才被突破。他尝试了几种不同的形式：1/4 圆、椭圆与组合圆等，最后采用了书中所介绍的摆线形拱顶构造，其曲率不仅能降低壳体的高度，也达到了和谐的人性尺度的设计要求【图 2-28】。

结合摆线形的拱顶形式，康于 1968 年 8 月发展出了∏字形的平面配置方案，以更精简的空间序列，来形塑布朗所要求的参观者的空间体验。通过一种仪式性的空间操作来思考平面的配置方式，应用柱廊空间来形塑进入美术馆的神圣性氛围，再引导人们进入左右对称的室内空间中，呈现出一种古典空间形式的现代性转化【图 2-29~ 图2-32】。最终就以此方案进行细部设计，发展后续构造与设备配管整合的相关议题。

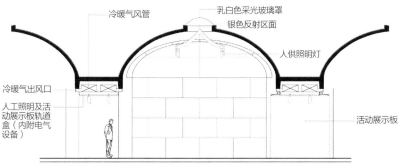

2-28

图 2-28 金贝尔艺术博物馆，沃斯堡，路易斯·康，1966-1972 / 摆线形屋顶结构的组成形式

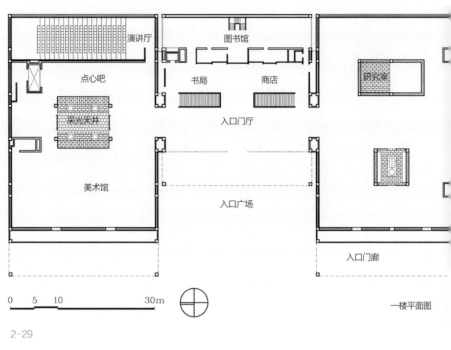

演讲厅

点心吧

采光天井

美术馆

图书馆

书局　　商店

入口门厅

入口广场

办公室

入口门廊

0　5　10　　　　30m

一楼平面图

2-29

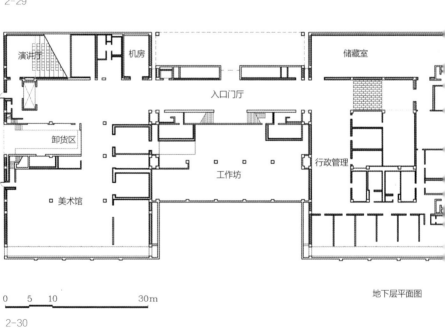

演讲厅　　机房

储藏室

入口门厅

卸货区

工作坊

行政管理

美术馆

0　5　10　　　　30m

地下层平面图

2-30

图2-29 金贝尔艺术博物馆，沃斯堡，路易斯·康，1966–1972 / 一楼平面图
图2-30 金贝尔艺术博物馆，沃斯堡，路易斯·康，1966–1972 / 地下层平面图

2-31

2-32

图 2-31 金贝尔艺术博物馆，沃斯堡，路易斯·康，1966-1972 ／入口柱廊
图 2-32 金贝尔艺术博物馆，沃斯堡，路易斯·康，1966-1972 ／入口柱廊仪式性的空间序列

在阴天看起来像只蛾，在艳阳天看起像只蝴蝶[20]。

# ⑤ 耶鲁大学英国艺术中心

## 1969—1974

**1967** 年至 1968 年间，耶鲁大学为了收藏由慈善家保罗·梅隆所捐献的一批英国绘画与雕塑品，而筹划设立一幢英国艺术中心。不仅如此，梅隆还愿意提供校方购地与日后建筑兴建的费用。此计划于 1968 年 7 月聘请了当时在耶鲁大学任教艺术史的教授普罗恩为筹备处馆长，并担任此艺术中心建筑委托人的决策角色。

随即，普罗恩与筹备委员会制定了几项计划目标，认为：此艺术中心应该具备和谐的人性尺度，避免因体量过大而让人心生畏惧，于空间特质上能够激起他们对艺术的兴趣与好奇心，进而引发他们想要进来的渴望。除此之外，还必须能够使人感受出美术馆与学校和城市两者间的关联性。随后，在建筑师的遴选过程中，普罗恩对于金贝尔艺术博物馆的光线控制极为欣赏，并于 1969 年 10 月正式委任康为此艺术中心的设计建筑师。

在设计发展的过程中如何延续都市商业活动的问题，一直是康在此设计中联结都市纹理和校园环境的重要议题。除此之外，另一项设计的核心课题是康所谓"机构"[21]的想法，他认为，此英国艺术中心结合了两种机构类型——美术馆与图书馆。康通过这两种空间类型来思考建筑本体的内在意欲，进而发展出空间组织的安排与平面配置的关系。

康于 1970 年 7 月所提出的初步配置方案中，商业空间便占据了地面层的主要区域，以此来回应附近的商业活动，并作为连接展示与教学的平面节点。此外，并通过两个采光中庭，来组织内部的图书馆和美术馆的空间配置关系。值得一提的是，在构造材料的使用上，康开始思考将金属材料应用于外在形式的表现上，而将平面中四个角落的服务性塔楼包覆上不锈钢的金属外皮。另外，对于结构与光线整合的议题，延续金贝尔艺术博物馆自然采光的模式，在顶楼展览空间的屋顶构造中，思考不同的自然采光形式。

初期，在空间组构的细节上，为创造大跨度的展示空间特性，康打算采用不同于先前作品的结构表现方式，采用桥梁构造大跨距的结构特性来回应实质的空间需求，并呈现出具有内在结构特质的外在形式特征，就如同康所强调的 **"结构说明了建筑空间是如何被建构出来的，建筑中看不见的特质也因其结构的实质呈现，而能实际地存在于世界上，可以让人明确地辨识出来"** [22]。然而，普罗恩认为，初期方案的比例和尺度超出了计划需求和预算限制，要求康重新调整部分的设计方案。

康于 1971 年初所提出的设计修改方案中，增加了地下停车的机能需求，在考量跨度和设备管线整合的问题时，修改了最初的桥梁结构，将其置换成钢筋混凝土的弗伦第尔桁架柱梁系统，并调整了两个采光中庭的尺度大小，扩大了商业区的面积及入口公共空间的中庭尺度，而缩小了图书馆与其中庭的空间分布。此外，在空间组构的细部操作中，则融合了金贝尔艺术博物馆和萨克生物研究中心采光和设备配管的整合形式，引导光线经由顶层美术馆的北侧拱顶进入室内空间，并将空调设备管线整合于中空的三角形折板梁体中。

由于梅隆反对在其艺术中心的下方设置地下停车空间，以及顶层采光拱顶的高度过高，而遭到筹备处馆长的质疑，康于 1971 年 7 月陆续提出修改方案，将地下层安排为储藏室和专属的机械设备空间，而少了地下停车的跨距限制；加上普罗恩要求，将长筒形的展示空间修改成小空间的展示方式，康再次将整体结构系统调整成钢筋混凝的柱梁单元。除此之外，原本半圆拱的采光屋顶，被修改成尺度较低的灯笼形构造形式，平面组织也较原先方案缩小许多，并将主入口设置于东北侧的街角位置，达到联结校园与城市纹理的空间规划。

1972 年初，耶鲁大学英国艺术中心的设计大致抵定，康只将最终平面做了些微的变动。为了回应委员会所向往的英国乡间别墅室内温馨的

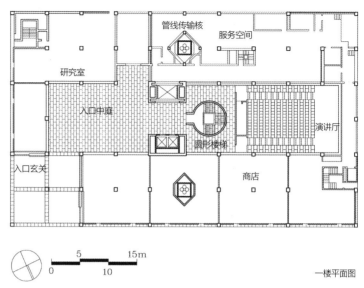

研究室

管线传输核     服务空间

入口中庭

圆形楼梯

演讲厅

入口玄关

商店

0   5   10   15m

一楼平面图

2-33

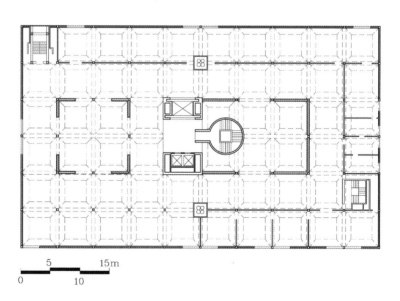

0   5   10   15m

2-34

图 2-33 耶鲁大学英国艺术中心，纽黑文，路易斯·康，1969—1974 ／ 一楼平面图

图 2-34 耶鲁大学英国艺术中心，纽黑文，路易斯·康，1969—1974 ／ 顶层展示空间平面图

气氛，康将正方形的主楼梯形式做了调整，修改成具有乡间住宅壁炉意象的圆筒形体量，赋予了空间亲密的尺度和方向感，在挑高的中庭空间中形成有如雕刻般的视觉焦点【图2-33、图2-34】。此外，康也修改了西侧的户外庭园，如同金贝尔艺术博物馆的户外庭园一般，康创造了一种独立的、人为的，只与建筑本体的几何形式有所关联，而独立于原本基地纹理之外的外部空间配置模式，形塑出一种新的整体关系【图2-35】。

图 2-35 耶鲁大学英国艺术中心，纽黑文，路易斯·康，1969-1974 / 户外庭园外部空间

123

2-35

# 参考文献

[1] KAHN L. I. Monumentality[M]//LATOUR A., ed. Louis I. Kahn: Writing, Lectures, Interviews. New York: Rizzoli, 1991: 18-19.

[2] TYNG A. Louis I. Kahn to Anne Tyng: The Rome Letters, 1953-1954[M]. New York: Rizzoli, 1997:47.

[3] SCULLY V. Louis I. Kahn[M]. New York: George Braziller, 1962: 37.

[4] LATOUR A., ed. Louis I. Kahn: Writings, Lectures, Interviews[M]. New York: Rizzoli, 1991: 79.

[5] MCCARTER R. Rediscovering an Architecture of Mass and Structure[M]// MCCARTER R. Louis I. Kahn. London: Phaidon Press Limited, 2005:116.

[6] LATOUR A., ed. Louis I. Kahn: Writings, Lectures, Interviews[M]. New York: Rizzoli, 1991: 163.

[7] Ibid., 182.

[8] WISEMAN C. Louis I. Kahn: Beyond Time and Style – A Life in Architecture[M]. New York: W. W. Norton & Company, 2007: 191.

[9] ARMSTRONG R., FISH E. G. & Ganley A. C. Proposals for the Library at the Phillips Exeter Academy[M]. New Hampshire: Phillips Exeter Academy, 1966: 1.

[10] LATOUR A., ed. Louis I. Kahn: Writings, Lectures, Interviews[M]. New York: Rizzoli, 1991: 290.

[11] CAMPBELL J. W. P. & PRYCE W. Brick: A World History[M]. London: Thames & Hudson, 2003: 279.

[12] WURMAN R. S., ed. What Will Be Has Always Been. The Words of Louis I. Kahn[M]. New York: Rizzoli, 1986: 182.

[13] LATOUR A., ed. Louis I. Kahn: Writings, Lectures, Interviews[M]. New York: Rizzoli, 1991: 76.

[14] Ibid., 69.

[15] WISEMAN C. Louis I. Kahn: Beyond Time and Style – A Life in Architecture[M]. New York: W. W. Norton & Company, 2007: 191.

[16] MCCARTER R. Louis I. Kahn[M]. London: Phaidon Press Limited, 2005: 318.

[17] WURMAN R. S., ed. What Will Be Has Always Been. The Words of Louis I. Kahn[M]. New York: Rizzoli, 1986: 182.

[18] LATOUR A., ed. Louis I. Kahn: Writings, Lectures, Interviews[M]. New York: Rizzoli, 1991: 88.

[19] LESLIE T. Louis I. Kahn: Building Art, Building Science[M]. New York: George Braziller, 2005: 183.

[20] PROWN J. D. The Architecture of the Yale Center for British Art[M]. New Haven: Yale University, 1982: 43.

[21] LATOUR A., ed. Louis I. Kahn: Writings, Lectures, Interviews[M]. New York: Rizzoli, 1991: 81-99.

[22] Ibid., 75-80.

Part 3

# 建筑的内在革命

## 空间和设备系统的整合

我们在设计时，常有着将结构隐藏起来的习惯，这种习惯将使得我们无法表达存在于建筑中的秩序，并且妨碍了艺术的发展。我相信在建筑或是所有的艺术中，艺术家会很自然地保留能够暗示"作品是如何被完成"的线索。

历经了 18 世纪工业革命后，机械设备的发展逐渐改变了人类的生活模式。在这一连串生产模式与产业发展的快速变迁中，对于能源的应用与机械效能的革新，也影响到了建筑空间的发展情形。其中，最直接的改变莫过于：建筑环境控制设备的进步，造成居住环境的革新，逐渐地，人们可以不用再受各地气候环境与纬度差异的影响与限制，而能居住于由环境控制设备所提供的通风良好与温度宜人的室内环境中。现代建筑几何形式的玻璃帷幕体量，之所以能在世界各地大量流行，建筑环境控制设备与技术的进步，着实功不可没。

设备系统发展的演变，始于大型公共空间对于物理环境因素的需求与控制，其中包括高层办公大楼、电影院、百货公司、工厂等，而室内照明、温度调节与通风换气，是影响设备系统技术发展的主要原因。除此之外，在整合设备的操作上，随着空间类型的演变及设备技术的开发，现代主义建筑对于环境控制设备系统的整合形式，呈现出两种发展的趋势，即包覆管线的简洁形式与外露管线的机械化表现。然而，此发展过程是一连串对于材料、技术与美学辩证所累积而成的结果，从隐藏到暴露，是 20 世纪建筑师追求技术革新所写下的一页精彩历史。

# ❶ 设备的整合形式

## ■ 隐藏式设备系统

### 1. 设备隐藏的概念

1906 年，库恩与勒布（Kuhn and Loeb）银行的大厅设计，被公认为是第一座将环境控制设备隐藏于室内空间的建筑案例，主要是通过建筑体量中的垂直动线服务核来整合设备系统，并将通风管线分布在深色玻璃的大厅天花板内部，而对大厅空间提供空气对流，使其达到降温的环境控制效果。然而，如此包覆通风管线的设备整合形式，并没有在现代主义建筑早期的发展中得到重视。

直至 20 世纪 20 年代，德国柏林陆续出现了一些现代化的百货公司与剧院空间，隐藏设备系统的整合形式，被大量应用在这些商业性空间的室内天花照明中。其中，建筑师门德尔松（Erich Mendelsohn）的一些百货公司的作品，成功地将设备整合的问题通过简洁的几何线条的设计手法，呈现出一种被称为"照明天花"的设备系统整合形式。这种结合室内装修来整合人工照明的设备整合形式，陆续出现在当时的公共性建筑中。

随后，借由戴维森（Julius Ralph Davidson）和诺伊特拉两位建筑师的作品，将这种室内空间与设备系统的整合方式带进了美国本土，设备隐藏的概念，也从室内空间的照明问题，开始朝向多元化的方向迈进。

### 2. 空调系统与悬吊天花

悬吊天花的概念源自 20 世纪 20 年代现代主义住宅空间的发展过程中，借由局部悬吊玻璃与金属材质的天花装置，包覆白炽灯泡的照明系统。1927 年，由诺伊特拉设计的罗威尔住宅（Lovell House），便将照明装置整合于露明的悬吊天花中，并以此作为室内空间局部的形式处理手法。然而受限于当时构造材料与结构技术的水平，悬吊天花的整合形式在 20 世纪三四十年代摩天大楼蓬勃发展的浪潮中，并没有开创性且具影响力的技术突破。

直至 20 世纪 40 年代末期后，随着冷气空调装置的进步与铝制金属的大量使用，设备空间不再受限于结构系统的整合方式，加上防火钢制天花、日光灯与吸音设备等的相继研发，更使得悬吊天花的整合形式，在大面积的办公空间需求中，得到了材料与技术上的支援。

1948 年，意裔美籍建筑师贝鲁斯基提出了利用帷幕墙金属窗台，结合空调设备管线与铝制悬吊天花的设备系统整合形式。在一次由《建筑论坛》杂志主办，针对未来建筑技术发展的竞图中，贝鲁斯基击败了当时众多知名的建筑师，包括路易斯·康、雷斯卡泽、密斯等，并将系统化悬吊天花的整合概念，正式推上了高层办公大楼的建筑舞台。

图 3–1 未来建筑技术发展竞图，纽约，贝鲁斯基，1948 ／帷幕墙与天花夹层整合设备管线的组构形式

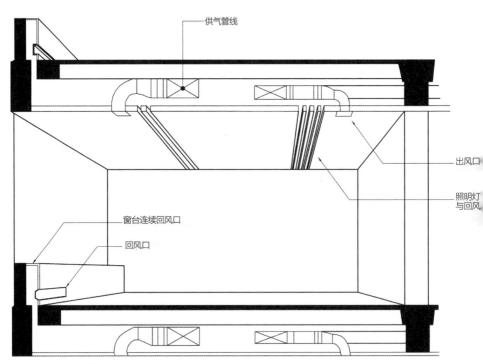

供气管线

出风口

照明灯与回风

窗台连续回风口

回风口

他的做法是将空调、电力、照明与通信等设备线路，借由铝制的悬吊骨材与包覆面板，形成模矩化的天花夹层，结合帷幕墙体的通风回路设计，能够配合办公空间的机能配置做弹性的调整，并以空间区划的方式，提供大面积办公空间足够的电气供应与环境控制【图3-1】。如此的整合设计想法与工程技术，也影响了日后国际样式办公大楼与系统化悬吊天花的发展方向。

## 3. 系统化悬吊天花

20世纪30年代，随着办公大楼的大量兴建，钢铁技术不断地向前迈进。其中由于防火安全的考量，发展出钢板与混凝土结合的楼板系统，为早期办公大楼中系统化悬吊天花的整合方式，提供了结构支撑与材料应用的可行性做法。直到20世纪40年代，由于整合照明、空调与吸音的金属天花材质的研发，标准化的概念被带进了天花系统的配置中，整合设备的构造材料，变成是可通过工业化大量生产的模具化元件。

20世纪40年代末期，标准化的悬吊天花系统开始被广泛地宣传和制造后，整合技术最成熟的原型，是20世纪60年代初期由美国斯坦福大学艾伦克朗兹（Ezra Ehrenkrantz）教授领军的研究团队所开发出的学校营造系统计划（SCSD），将所有的环境控制设备整合于模具化的悬吊天花系统中，包括照明、空调管线、回风出入口、压缩风机、电气管线等，均包覆于天花夹层中。隐藏式的设备整合形式与技术，至此成为现代主义建筑室内空间中主要的环境控制操作模式。

# ■ 外露式设备系统

构造与设备系统的整合形式，并非一开始就是包覆隐藏的操作手法。当日光灯、电气、空调设备系统的技术仍未发展成熟之际，早期现代主义建筑中，设备元件多数是露明于室内空间的，常可看见白炽灯泡露明地悬挂在楼板之下。而随着空间类型的演变与环境控制设备技术的进步，设备体积与数量愈显庞大，隐藏设备的形式问题，才开始浮现在建筑师与工程师们的脑海中。然而，隐藏的操作手法在现代主义建筑中也是渐进式的。1952 年，在联合国总部办公大楼议事厅的室内空间中，我们就可以发现，初期隐藏管线的整合手法，是从一种含蓄的视觉美化操作的角度，过渡到完全包覆的设备整合形式。

当时现代主义的建筑师中，密斯与其追随者认为，设备系统的外露是一种不正式的空间表现形式，对于空间美学也有所阻碍，必须借由技术的进步，呈现出简单、平整与干净的室内外空间形式。然而，这却与其形随机能的形式理论有所冲突，室内空间与外在形式并没有实际反映出内部机能的运作情形，如此的矛盾，在现代主义建筑师的实践过程中开始激荡。

20 世纪 50 年代，勒·柯布西耶对于设备空间整合形式的看法是较具指标性的，他曾表示，可以利用钢筋混凝土具可塑性的特质，来形塑整合设备管线所需的构造空间，一反现代主义平整、无特殊性的悬吊式天花，呈现出具表现性的设备整合形式。20 世纪 50 年代末期，设备系统的整合方式走出了一条回归建筑本体的设计思维，通过实质结构、构造原理以及空间形式的操作，呈现出一种不同于现代主义简洁体量的真实性组构形式。

以实质的结构来整合设备管线的做法，陆续在欧洲大陆出现具开创性的实际案例。1959 年，扎努索（Marco Zanuso）建筑师在奥利维蒂（Olivetti）工厂的设计中，应用了建筑空间配置上高低错落的手法，解决了平面深度过深的照明问题，并借由中空的混凝土梁柱系统来传递与整合设备管线，成功地将设备与结构系统整合在一起。此外，其建筑的外在形式，也呈现出构造与设备系统整合的特性。

位于罗马的文艺复兴百货公司（La Rinascente），1961 年由阿尔比尼（Franco Albini）建筑师设计完成，其特殊性在于：提供围蔽的立面墙体，由预制的金属构件所组装完成的垂直环境控制系统。整合了空调装置与电气管线于构造材料的组构过程中，在功能上仿佛筑起了一道环境控制的保护层，防止室外环境有害因子的侵入与室内环境条件的流失，扮演着维持室内环境稳定的机能性角色。

此外，20 世纪 50 年代后，建筑师路易斯·康的作品相继问世，他的作品往往呈现出服务与被服务的空间组织特征，并且在构造材料与设备整合的操作上，表现出严谨的构筑秩序与逻辑，对当时的建筑设计思维，提供了具表现性的构造与设备系统整合的手法。在此之后，构造与设备系统的整合，变成是建筑师表现造型的手法，而开启了日后完全外露设备管线的前卫思维。

随即，20 世纪 60 年代英国建筑电讯学派（Archigram）设计思维的兴起，强调建筑元件的可移动性与机械化的表现，无疑是对"设备系统的外显"最有力的美学宣言，外露的形式操作，脱离了现代主义思维中不登大雅之堂的负面印象，转为一种激进前卫的进步象征。1977 年巴黎蓬皮杜艺术中心的完成，更让这股机械设备外露的设计风潮，真正地落实在人们的生活空间中，也标示出：设备整合多元化的形式操作，已借由建筑技术的发展，呈现出高科技的新建筑意象。

20 世纪 50 年代后，随着构造材料、结构技术、环境控制设备等的持续进步，隐藏与外露设备管线的整合形式，均逐渐发展出成熟的操作模式。就如同柯林斯（Peter Collins）于《现代建筑设计思想的演变》一书中所言："在现代建筑中有二种设备系统的整合形式：一种是将设备管线固定于建筑结构之上，再包覆上金属天花与假柱；另一种是将设备管线整合于建筑结构之中……然而，在建筑领域的发展上，被认为是有决定性贡献的是路易斯·康的作品……"[1]

虽然以密斯为首的现代主义建筑，发展出了金属构件的悬吊式系统天花与帷幕墙体的设备整合形式，并且适用于各种建筑类型的设备整合问题。然而，包覆设备管线的整合形式，却也隐藏了内部的构造材料、结构形式与各地建筑文化上的差异，逐渐让建筑丧失了地域性与真实性的形式表现力。为此，康就曾批评密斯的高层建筑西格兰大楼是"穿着紧身内衣的妇人"[2]，形容它是缺少了内在结构特质的建筑作品。

而外露管线的设备整合形式，往往呈现出各种建筑类型不同的空间特性，对于设备与构造材料的组构，也能反映出当时建筑材料与工程技术的发展情形。因此，建筑设计的思维与设备整合的想法必须不断地创新，在康的建筑作品中，便可以深刻地感受到这样的建筑发展成果。相较于现代主义建筑中恒常固定的设备整合形式，外露管线的整合形式，着实呈现出更多进步的动力。

# ❷ 建筑构造与设备配管的整合

## ■ 构造材料的真实性原则

### 1. 材料本质的探索与应用

康认为，自然物与人造物都是精神与物质并存的存在于这个世界上。自然物依循着自然的法则而产生；相对地，人造物是人为意志的展现，遵循着人的规则而形成。此外，康表示，人为意志有主观和客观之分，而建筑与艺术创作的不同在于：艺术家不用"再现事物"，可以直接地表达事物，所呈现出来的创作结果，是艺术家对物质特性的反映以及人为存在意志的表现。然而，建筑师并不能以主观意识直接地表达作为创作的依据，必须更深一层地体会客观的精神，探究事物的本质，以人造物作为客观意识的表达[3]。

换句话说，建筑师必须通过材料本身，去明了其所具有的本质特性，再反映在建筑设计上，而不能依主观的认定进行材料的表现。因此，康发明了一种"主体与材料对话"的方式，来作为探究材料特性的方法。其中最著名的一段对话就是，康问砖说："砖啊！你想成为什么呢？"砖回答说："我喜欢拱。"[4]当应用构造材料进行构筑工事之时，思考符合材料特性的结构原则，是康诠释材料本质特性的基本模式。他曾说道：

你不能随便地说，我们有很多的材料，我可以将它用在这个地方，也可以将它用在另一个地方，这样是不真实的，你只能用很尊重并且发扬它长处的方式使用砖，而不能欺瞒它，将它用在会使它特质被埋没、担任差劲工作的地方。当你使用砖作为一种填充材料时，砖感到自己像是一个奴隶。[5]

就如同组构砖和钢筋混凝土这两种材料时，砖拱承担了垂直向的结构压力，而钢筋混凝土系梁则扮演着吸收张力的结构辅助角色，每一种构造元素都被安排在最合适的结构位置。除此之外，在构件尺寸上，忠实地反映出材料的受力情形，是康另一项结构组构原则，不论是砖石承重构造或是钢筋混凝土骨架系统，当实质结构受力减小时，康会在构造断面上反映出此结构承载递减的受力状况。就此观点，康曾描述高层建筑应用构造材料的结构特性时说道：

高层建筑的基座应该要比顶端宽大，而且在顶端部分的柱子应该轻盈得像是会跳舞的仙女，而在基座的柱子应该因为负担的沉重而显得快要发狂，这是因为它们所在的位置不同，负担的任务不同，因而不应该有相同的尺度。[6]

这表示，所有构造材料的使用，都应该符合本身内在形式所具有的结构特质，并且在外在形式上呈现出整体结构构件受力承载的差异性。

## 2. 形式来自于构造细部的组构关系——材料的分割与接头

康认为，建筑的美，是来自于对材料特性充分的了解和对其适当组构的信念。由于对构造材料物质化的形式偏好，康的作品往往呈现一种编织构件的视觉语汇，而在这些编织的过程中，材料的分割是康用来凸显"组构的痕迹、程序，或者是区分其不同特性、层级和系统"的细部处理手法，而分割的关键就在于：构造材料衔接处阴影的呈现。为此，康常利用内凹、外凸与脱开的形式，来表现出阴影的效果，并配合构造材料模矩化的系统来加以形塑，而这样的阴影分割方式，往往使得材料的组构关系更加清晰且更具有逻辑性，"建筑是如何被完成的"便清晰地呈现在材料分割的阴影中。

图3-2 理查德医学研究实验室，费城，路易斯·康，1957–1964 ／ 结构骨架的组构缝隙

134

3-2

就好比浇注混凝土时，康总是坚持，必须完整呈现砂浆溢漏于模板接缝时外凸的痕迹，他认为，这是混凝土形塑的过程中最真实的材料印记，而内凹的模板痕迹，则表示出不同的浇注时序。再者，当组构混凝土预制构件时，康也会刻意呈现不同构件接合时的施工缝隙，使得视觉感知能够辨识出，构造材料在组构的过程中所扮演的角色与彼此衔接的关联性。这样的细部操作方式，在理查德医学研究实验室混凝土预制构件的构筑过程中最为明显【图3-2】。

除此之外，当组构多种构造材料或结构系统时，阴影的分割会更加明显。举例来说：耶鲁美术馆南侧立面外凸的长条状石灰岩饰带，不仅于楼层位置分割了红砖墙面，还借此说明，砖墙于此并非扮演承重的角色，而是与内部钢筋混凝土结构骨架结合的填充面材【图3-3】；而理查德医学研究实验室的红砖墙面，则采取退缩于结构骨架的方式，来形成材料分割的图研阴影效果【图3-4】。

此外，康也保留其预制构件的接合缝隙，以此来强调各个构件的尺度与

图3-3 耶鲁美术馆，纽黑文，路易斯·康，1951–1953 ／南向立面砖墙上的石灰岩饰带

图3-4 理查德医学研究实验室，费城，路易斯·康，1957–1964 ／砖墙往结构骨架内侧退缩

3-3          3-4

组构逻辑。在萨克生物研究中心，可看到清水混凝土墙面与橡木板间脱开与内凹的缝隙，用以区分出不同构造材料间的组构关系【图 3-5】；在埃克塞特学院图书馆，红砖、柚木镶板与钢筋混凝土的连接形式则较为含蓄，只通过施工沟缝来呈现其组合的关系；金贝尔艺术博物馆则是借由拖开的采光窗带，来说明后拉预力结构骨架与围封墙体间结构角色上的差异，并通过施工沟缝来呈现摆线形拱顶、纵向长梁、支撑柱与铝制天花间的组合关系【图 3-6】。

此外，在耶鲁大学英国艺术中心，为了区分结构骨架与毛丝面不锈钢围封材间组合的关系，除了留设施工沟缝外，康设计了外凸的不锈钢板，来凸显围封面材与结构骨架分割的阴影效果【图 3-7】。另外，为了表现材料实际受力情形而逐层递减并内缩的支承柱断面，也与混凝土楼板、橡木镶板形成凹陷的组构特征，不仅回应了材料的内在特质，也清晰地表现出彼此间组构的逻辑秩序【图 3-8】。

对于构造材料的组构，康认为，除了表现出材料本身的结构特性之外，在其组构的过程中，所有的构造接头也都必须忠实地加以呈现，他曾说道：

现在建筑之所以令人产生"需要装饰"的主要原因，是因为我们习惯于将所有的构造接头美化，也就是隐藏各构件的接合方式；如果未来有可能在盖房子的同时训练我们自己的绘图能力的话，应该从基础开始，由下而上，停下我们的笔，然后在浇注或构筑的接头上作一个记号，如此"装饰"将经由我们表达出建造的方法而产生，并且能够因此发展出新的构造方法。[7]

最明显的例子，就是康对于钢筋混凝土材料的组构方式，他反对将浇注过程中用来固定混凝土模板的圆形孔洞加以填补，而必须在绘制施工图时加以妥善的安排，在整体施工完成时，就能呈现出源自于材料本身、并且是具有逻辑性的最真实的组构印记。可见对于钢筋混凝土的表现形式，是由康所首创，也是康所谓从探索至组构材料特性的过程中，所创造出来的有意义的形式语汇。除此之外，这也影响了后世

3-5

3-7

3-6

3-8

图 3-5 萨克生物研究中心，拉由拉，路易斯·康，1959–1965 ／ 橡木与清水混凝土墙的组构细部

图 3-6 金贝尔艺术博物馆，沃斯堡，路易斯·康，1966–1972 ／ 墙面、梁体与空调设备的组合关系

图 3-7 耶鲁大学英国艺术中心，纽黑文，路易斯·康，1969–1974 ／ 毛丝面不锈钢围封墙板与 RC 结构骨架的外观组合细部

图 3-8 耶鲁大学英国艺术中心，纽黑文，路易斯·康，1969–1974 ／ 结构骨架断面由下往上逐层递减与退缩

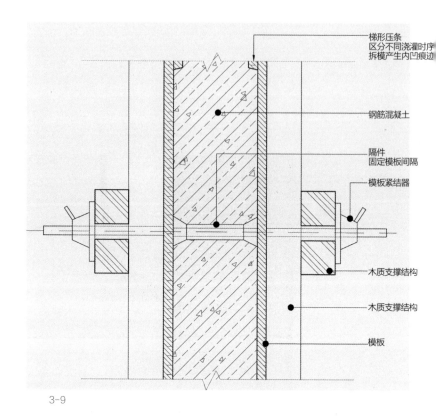

梯形压条
区分不同浇灌时序
拆模产生内凹痕迹

钢筋混凝土

隔件
固定模板间隔

模板紧结器

木质支撑结构

木质支撑结构

模板

3-9

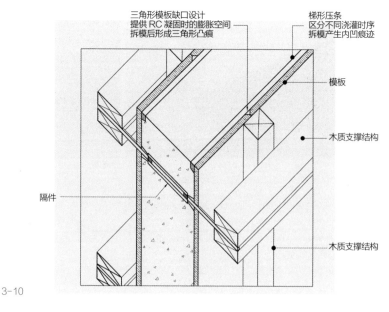

三角形模板缺口设计
提供 RC 凝固时的膨胀空间
拆模后形成三角形凸痕

梯形压条
区分不同浇灌时序
拆模产生内凹痕迹

模板

木质支撑结构

隔件

木质支撑结构

3-10

图 3-9 萨克生物
研究中心，拉由
拉，路易斯·康，
1959-1965 / 清水
混凝土模板构造剖
面图

图 3-10 萨克生物
研究中心，拉由
拉，路易斯·康，
1959-1965 / 清水
混凝土模板构造透
视图

建筑师对于清水混凝土的表现形式，而走出了一条不同于勒·柯布西耶作品中粗糙质感的清水混凝土表现手法【图3-9~图3-11】。

3-11

图3-11 萨克生物研究中心，拉由拉，路易斯·康，1959-1965 ／清水混凝土拆模后外凸与内凹的模板痕迹

## ■发展空间、构造与结构的整合模式

和一般现代主义的建筑师一样，康也必须面对建筑环境控制技术发展所带来的机械设备整合的问题。然而，康对设备管线的印象是较为负面的，他曾于1964年的一篇文章中说道：

我不喜欢空调管线，也不喜欢排水导管。实际上我彻底地讨厌它们，但也就是如此彻底地讨厌，我感觉必须去赋予它们自己的空间。如果我只是讨厌它们而不去关心，我想它们将会侵入建筑而彻底地破坏了建筑。[8]

通过服务与被服务空间的组构，服务空间脱离了由大空间中分割出来的操作模式，康发展出在空间组织及层级上独立的设备服务空间，从耶鲁美术馆最早的设备传输孔隙，到理查德医学研究实验室独立的设备塔楼，康不仅安排了由小到大专属的空间结构，也将其反映在外在形式的组构上【图3-12】。康思考设备配管整合的问题时，试图通过"发展建筑本体之构造与结构形式"以及"结合新的构造材料与技术"来整合设备管线，并坚决反对以悬吊系统天花的形式来整合设备管线，他强调：

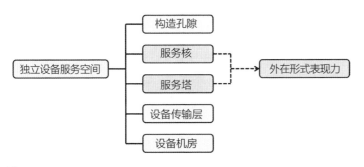

图3-12 独立设备服务空间类型与外在形式表现力关系图

3-12

天花板遮挡了悬吊杆件、风管、水电配管，使得人们对于空间如何完成、如何被服务产生误解，因此建筑物所表达的与"秩序"无关，也无法产生有意义的形式……钢和混凝土的特性可以发展出虚和实并存的建筑元素，元素中的虚空处正好可以容纳服务设施，这项特性与空间需求相结合，便可以产生新的形式……机械设备空间所产生的干扰，必须借由进一步的发展结构以求解决……从前人们用实心的石头盖房子，今天我们盖房子必须用空心的石头。[9]

康认为，设备管线的配置必须符合建筑结构上的秩序，如此设备配管的整合才能被清楚地加以阅读。然而，什么是结构的秩序？康曾表示"秩序"是一种规律性，是组织事物的法则，具有控制事物外显的力量。就此，结构的秩序是根基于混凝土材料具可塑性的特质，将其组织成模矩化的结构骨架与孔隙，有规律地形成一个完整的结构体系。而设备系统便是依循着此结构骨架与孔隙组构的规律性，来配置其设备管线。

一方面康也认为，空间的特性是由结构的特性所决定，不同的空间性质就必须由不同的结构形式来展现。康试图借由发掘在建筑中各种有意义的组构模式，来找出整合服务空间、设备管线乃至于空间整体的最有效率的结构形式，并以此来诠释，不同的空间类型在整合设备配管时，形式与空间特性上的差异。

此外，形塑结构元素的孔隙，或者由其组构成独立的设备空间，是康借由构造元素的本质特性，来整合设备管线时的基本形式与操作手法。其发展构造与结构元素的整合形式，归纳有楼板、梁体、弗伦第尔桁架结构、墙体、多重构造组合、单一构造组合等。我们可以通过实验室、图书馆与美术馆等三种空间类型，来了解其对于空间、构造元件、结构与设备管线实际的构筑模式。

# ❸ 路易斯·康的建筑思维与实践之一：实验室

## ■ 空间特性与结构形式

康的建筑作品总是从探究建筑的"意欲为何"（desire to be）以及"空间特性"等客观精神向度出发，借由实质的设计操作，呈现出抽象的空间内在意涵。在思考理查德医学研究实验室的设计过程中，康领悟到实验室空间的内在本质特性："……科学实验室实质上是工作室，必须将污染与废弃排除。"[10] 另一方面，实验室空间还具有大量设备管线必须整合的机能问题。基于以实质构造元素来整合设备配管，并展现空间组构过程的设计思维，康曾经提出：

中世纪建筑师用实心的石头盖房子，现在我们用空心的石头盖房子。以构件定义房子，与用结构定义房子一样的重要。空间的尺度可以小到像是隔音、隔热构件的中空部分，也可以大到足以穿越或生活在其中。在结构设计上，为了明确表达"空"的概念，刺激了各种空间架构的发展。目前已经发展出来正被试用的各种结构形式，与自然有着密切的关系，它们是持续探索事物秩序的成果。我们在设计时，常有着将结构隐藏起来的习惯，这种习惯将使得我们无法表达存在于建筑中的秩序，并且妨碍了艺术的发展。我相信在建筑或是所有的艺术中，艺术家会很自然地保留能够暗示"作品是如何被完成"的线索。[11]

141

在理查德医学研究实验室，康尝试应用各种结构形式的组合，来形塑此"空心石头"的概念。从设计初期的图面中我们可以发现，"应用结构骨架的孔隙"是康思考管线传输与配置的整合手法；结构形式从初期的拱形梁体，演变至弗伦第尔桁架的预制构件组合。康应用弗伦第尔桁架具孔隙的结构特色以及结构骨架正交的纹理，将设备管线暴露地传输在结构骨架的孔隙中；一方面避免了紊乱的管线对空间所造成的危害，一方面也清楚地呈现他所谓展现"空间如何被服务"的构筑思维。

然而，暴露设备管线的整合形式，却导致灰尘累积的问题，无法符合实验室无尘无菌的机能要求。随后在萨克生物研究中心,康修正了先前暴露设备管线的整合形式,改采以构造形式包覆设备管线的整合手法。

在设计初期,原本他在理查德实验室应用结构骨架孔隙来整合设备管线的想法,转换成以矩形和三角形的空心混凝土折板构造来包覆设备管线。但是,这个提案在萨克教授要求修改整体基地配置,和康发现设备管线维修更替不易等问题下,遭到否决。最后,康提出"实验室空间"和"管线空间"的空间组织想法。将弗伦第尔桁架的结构形式,扩大成专属独立的设备服务空间,也就是设备传输管线就在施加后拉预力的弗伦第尔桁架结构的空间中【图3-13】。

分析从理查德到萨克两实验室结构形式的发展与演变,我们可以发现,康在整合实验室空间复杂的设备管线时所提出的结构形式,已经从最初的结构骨架孔隙与空心折板构造的传输通道,发展到整合设备管线至专属的空间层级。

针对"新鲜进气与污染废气必须分离"的实验室空间本质的议题,康在理查德医学研究实验室提出"新鲜进气的鼻子"与"废气排放塔楼"的空间组织想法。他通过独立的钢筋混凝土墙的组构,来诠释进气与排气的空间特性,在外在形式上清楚地反映出"排气总量随着楼层增加而递

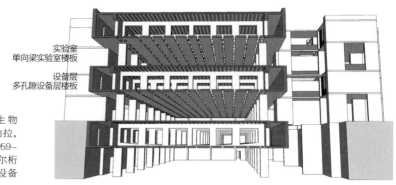

实验室
单向梁实验室楼板

设备层
多孔隙设备层楼板

图3-13 萨克生物研究中心,拉由拉,路易斯·康,1959-1965 / 弗伦第尔桁架所建构成的设备传输空间

3-13

增"的内部机能特性；最后他在精简结构形式的预算压力下，才将其修改成上下一致的外在形貌【图 3-14】。

康在萨克生物研究中心进气与排气构造的设计，也依循这样的组构原则。只是，为了配合矩形长向的基地配置关系与设备服务机能的调度，康将进气的入口依附于设备机房的结构外侧，排气的塔楼组构于独立研究室的结构系统中；虽然两者都没有独立的结构形式，但仍拥有专属的传输空间【图 3-15】。

在回应空间特性的组构思维中，康试图借由探究在建筑中各种有意义的结构可能性，来找出整合服务空间、设备管线乃至于空间整体中最有效率的结构形式。在理查德与萨克实验室的设计过程中，康便发挥了弗伦第尔桁架与钢筋混凝土材料的结构特性，形塑结构元素的孔隙或由其组构成独立的设备空间，以其"空心石头"的结构形式，展现实验室具有多管线、进气与排气的空间特质。

## ■ 服务与被服务空间的实践

康于 1957 年在加拿大皇家建筑学会所发表的演说中，陈述了区分服务与被服务空间的想法：

*主要空间的特性可以借由服务它的空间得到进一步的彰显，储藏室、服务间、设备室不应该是由大的空间中区隔出来，必须拥有自己的结构。空间秩序的概念不应该仅着重于讨论机械设施的课题，必须扩及所有的服务空间。如此各个空间层级将具有有意义的形式。*[12]

在 1959 年完成的特棱顿更衣室中，康便通过配置于方形平面角落的服务空间，清楚地诠释出服务与被服务空间的组织关系，在实质机能与结构承载上所展现的效益。基于这样的设计思维，康在理查德与萨克实验室设备配管的整合操作上，借由建筑体量与独立塔楼的配置关系，明显地区分出服务与被服务的空间组织层级：进气塔楼与整合设备的大楼连接，排气以及楼梯塔楼则与实验室大楼连接。通过这些空间组织关系

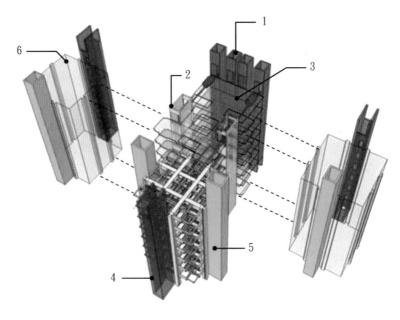

1. 新鲜空气进气塔；2. 设备管线传输核；3. 主设备楼；
4. 楼梯塔楼；5. 废气排气塔；6. 实验室

3-14

图 3-14 理查德医学
研究实验室，费城，
路易斯·康，1957-
1964 / 服务、被服
务塔楼空间与结构
组成关系示意图

图 3-15 萨克生物
研究中心，拉由
拉，路易斯·康，
1959-1965 / 服务
与被服务塔楼空间
示意图

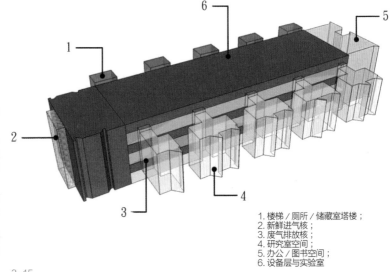

1. 楼梯／厕所／储藏室塔楼；
2. 新鲜进气核；
3. 废气排放核；
4. 研究室空间；
5. 办公／图书空间；
6. 设备层与实验室

3-15

的操作，康试图表达：实验室与整合设备机具的大楼，在空间本质上的差异与主从关系，并且凸显实验室空间具有进气与排气的空间特性【图3-14、图3-15】。

值得注意的是，在实验室服务塔楼的空间设计中有一项特别的转变，这是关于科学家从事实验工作与心灵思考时空间组织的对应关系。在理查德医学研究实验室，康认为："一位科学家就像是艺术家一样……他喜欢在工作室内工作。"[13] 他思考了实验与研究工作在本质特性上的差异，将实验区配置于平面中心的暗区，而研究空间配置于平面四周的亮区，借由空间中自然光线明暗分布的差异性，来凸显组织机能的内在逻辑。

但是，在萨克生物研究中心，康为了回应萨克教授重视人文与科学精神融合的抽象议题，基于研究室不需要大量设备管线服务的空间特性，以及创造一个有如修道士般工作的生活，他将研究室从实验室空间中独立出来，并配置在周边有着半层楼高差的独立塔楼中。这样的空间组织关系，不仅提供了科学家在实验操作与研究思考的过程中能够有心灵转换的机会，也形成了实验室空间外部的遮阳体量【图3-16】。

3-16

图 3-16 萨克生物研究中心，拉由拉，路易斯·康，1959–1965 / 连接实验室与研究室的阶梯及走廊

回应萨克教授对实验室空间计划的描述："……医学研究不完全属于医学或自然科学，它属于全体人类。他意指着任何人保有着人文、科学与艺术的心智，能够充实研究的内在精神环境，进而引发科学上的发现。"[14]康对于科学研究与实验室空间本质的探索，不仅通过服务与被服务空间的操作，来展现实验室进气与排气的空间特性，更进一步借此形塑了两者"在本质上如何结合"的内在精神意涵。

## ■ 构造与设备配管整合的特性与差异

基于材料本质特性的探索与发挥，康总是通过构造细部组成的变化，回应不同的建筑设计需求。针对理查克与萨克实验室需要较大跨度的弹性使用空间，以及必须整合大量设备管线的空间特性要求，康应用了弗伦第尔桁架解决整合结构与设备配管的双重问题。

在理查德医学研究实验室的设计过程中，当时面临预算、工期、设计操作与基地施工环境的限制，结构工程师科门登特与康认为预浇注混凝土构件是最合适的施工材料。结构方案因此被设计成 13.72 米 × 13.72 米（45 英尺 × 45 英尺）的正方形结构模具，并可大量生产、安装，而形成一个整体的预制与预力混凝土结构系统；整体预制构件被设计成六种模矩化的构件类型，分别是：结构柱、主梁、次梁、边梁、主桁架与次桁架等【图 3-17、图 3-18】。

图 3-17 理查德医学研究实验室，费城，路易斯·康，1957-1964／结构平面图

图 3-18 理查德医学研究实验室，费城，路易斯·康，1957-1964／六种预制钢筋混凝土的结构元件

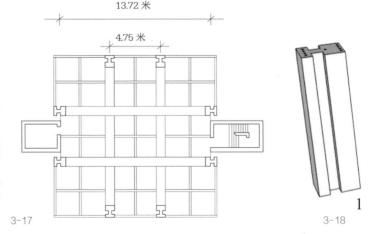

13.72 米

4.75 米

1

3-17

3-18

在考量施工安装和提高结构效益等实质工程条件之后，科门登特将整体结构系统规划为"先拉与后拉预力混凝土"双重系统整合的结构组件。先拉混凝土技术应用在主结构梁体的制作上，而整体结构骨架则借由后拉应力予以固定，并于现场组装成框架式的柱梁系统。预浇注构件的组构由结构柱与主梁先行联结；次梁再与主梁以及结构柱接合，形成主要应力传递的双向路径；随后边梁与结构柱、主梁、次梁结合成九个单元平面；最后主桁架与次桁架再将每个单元平面分隔成四个等分【图3-19】。

由于钢筋混凝土施加预力的优点在于可减少构件断面的深度，因此，作为梁体的弗伦第尔桁架，在施加预力后，其结构强度和构造孔隙均可增加，并提供设备配管更弹性和宽阔的整合空间。基于结构力学的特性，三向度的结构骨架借由后拉应力的方式彼此结合；施加预力后，预浇注框架沿着三个轴向传递应力，结合现场浇注的楼板构造，使得整体形成稳定的柱梁框架系统。除此之外，预浇注构件结合后拉预力施工技术的结果，使得空间组构的过程如同一种编织的手法，呈现一种"由结构特性展现出空间形式"的构筑特征。

在构造与设备配管整合的设计操作上，康认为，设备管线的配置必须符合结构的秩序，整合的逻辑才能够被清楚地阅读。在理查德医学研究实

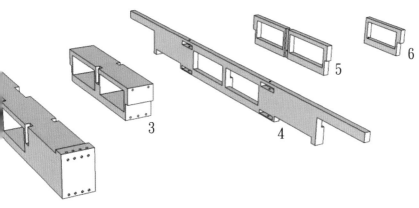

1.结构柱；2.主梁；3.次梁；4.边梁；5.主桁架；6.次桁架

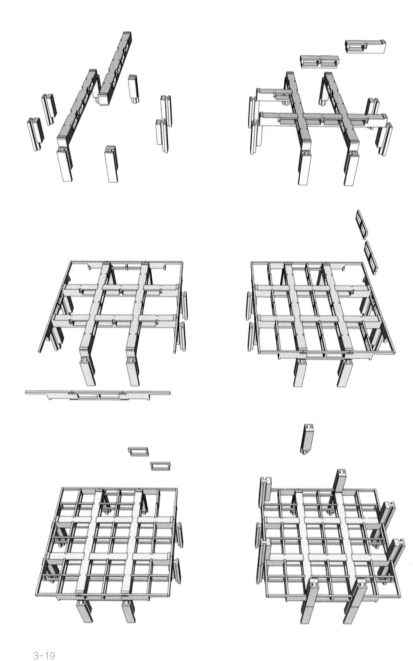

3-19

图 3-19 理查德医学研究实验室，费城，路易斯·康，1957-1964 / 弗伦第尔桁架结构
元件组构流程图

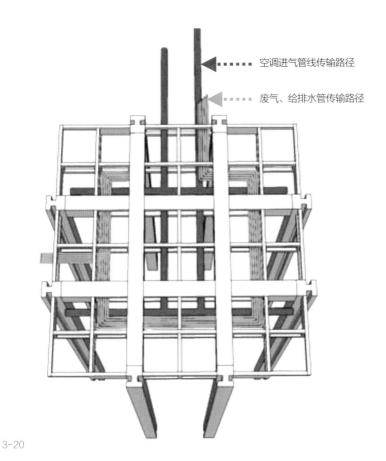

空调进气管线传输路径

废气、给排水管传输路径

3-20

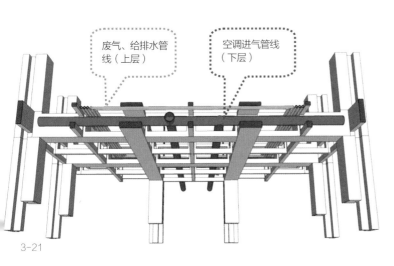

废气、给排水管线（上层）

空调进气管线（下层）

图 3-20 理查德医学研究实验室，费城，路易斯·康，1957—1964 / 弗伦第尔桁架与设备管线的整合关系图

图 3-21 理查德医学研究实验室，费城，路易斯·康，1957—1964 / 弗伦第尔桁架孔隙间的管线分布透视图

3-21

验室设备管线的配置，就是依循着弗伦第尔桁架正交的结构秩序：空调进气的管线配置于弗伦第尔桁架孔隙的下层，由平面中心向四周延伸；废气回风与给排水的管线，则配置于弗伦第尔桁架孔隙的上层，围绕在平面的四周【图 3-20、图 3-21】。

关于实验室进气与排气的设备整合逻辑，康则是借由四座进气塔楼，将新鲜空气抽至顶楼的设备机房，经过机械设备的冷热交换后，再经由两座管线垂直传输核，与配置在各楼层弗伦第尔桁架孔隙中的水平管线连接，将新鲜气体输送至实验室空间中；最后，再通过实验室旁的两座排气塔楼，将受污染的废气排放至外部环境中。整体看来，康应用结构系统的特性与秩序，以及服务与被服务空间的组织关系，以暴露设备管线与结构形式组构关系的整合形式，清楚地呈现实验室空间如何被服务与如何被建构的构筑逻辑【图 3-22】。

1959 年，正值理查德医学研究实验室施工之时，康接获了萨克生物研究中心的设计委托案。由于先前暴露设备管线的整合形式导致实验室灰尘的累积，康在萨克生物研究中心构造与设备配管整合的设计上，采用了不一样的操作手法。在初期的设计方案中，他提出一种会呼吸的梁：预制的矩形和三角形折板构造的结构形式。结合服务性塔楼的配置，矩形折板构造扮演着长向的结构支撑以及联结进气与排气塔楼的角色；三角形折板构造，则是分配设备管线至实验室空间的传输路径【图 3-23】。

然而，折板系统的提案并未获得萨克教授的青睐，他对于四个实验室体量的配置和内部空间的尺度有所质疑。他认为，两个中庭花园的设计是一种离散的空间形态，并不能增进研究人员彼此间交流互动的机会。萨克教授也要求，实验室空间机能上要有更为弹性的做法，他认为三角形折板构造整合设备的形式太过制式，降低了设备系统机能上调度的可行性。

由于这些原因，萨克教授要求康，必须重新发展配置计划。康的设计团队在检讨了设计方案后，也发现了几项缺失：实际上，三角形折板构造留设给通风管线的空间配置明显不足，而且施工人员无法携带大型机具

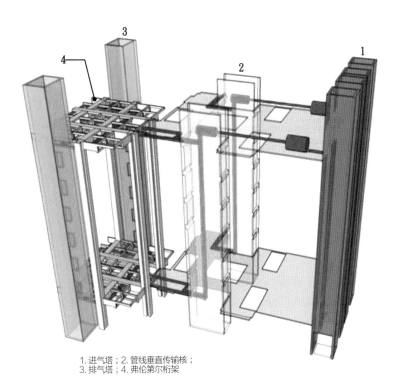

1.进气塔；2.管线垂直传输核；
3.排气塔；4.弗伦第尔桁架

3-22

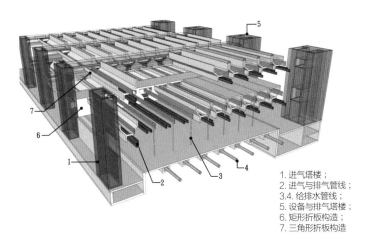

1.进气塔楼；
2.进气与排气管线；
3.4.给排水管线；
5.设备与排气塔楼；
6.矩形折板构造；
7.三角形折板构造

图 3-22 理查德医学研究实验室，费城，路易斯·康，1957-1964 / 空调进气与排气管线传输路径图

图 3-23 萨克生物研究中心，拉由拉，路易斯·康，1959-1965 / 折板构造与设备管线整合 3D 模拟图

3-23

进入更换和维修管线；最主要的是，实验室空间中，折板构造的跨距过大，将导致设备系统彼此间的联系出现问题。最终康不得不选择放弃这个筹划了一年半的设计方案。

基于在形塑结构形式的同时也能够提供设备管线藏匿空间的考量，康沿用了理查德医学研究实验室应用弗伦第尔桁架的设备整合逻辑。不同的是，为了提供一个更有弹性的整合空间，康将原本弗伦第尔桁架的孔隙扩大成一整层的设备服务空间。这样的空间形式，呈现出一种整合空间、结构与设备管线的空间特性。

最终，康将实验室规划成两幢长 74.68 米、宽 19.8 米的矩形体量。每幢建筑依循服务与被服务的空间组织原则，在垂直向度上，被设计成设备服务层与实验室逐层叠加的空间形式。除此之外，为提供实验室空间最直接的管线服务，康将设备服务层的楼板规划为多孔隙的构造形式，使得设备管线在垂直向度的传输，不受楼板构造的隔阂，而变得更有效率，也解决了先前理查德医学研究实验室空间设备管线累积灰尘的问题【图 3-24】。

图 3-24 萨克生物研究中心，拉由拉，路易斯·康，1959–1965 ／弗伦第尔桁架设备层与设备管线整合 3D 模拟图

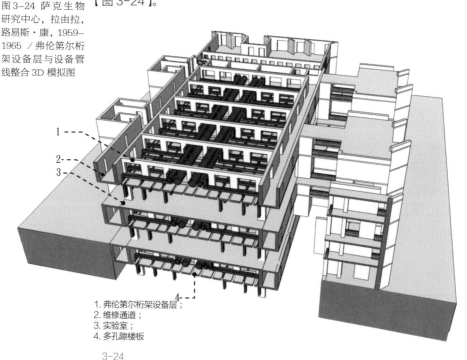

1. 弗伦第尔桁架设备层；
2. 维修通道；
3. 实验室；
4. 多孔隙楼板

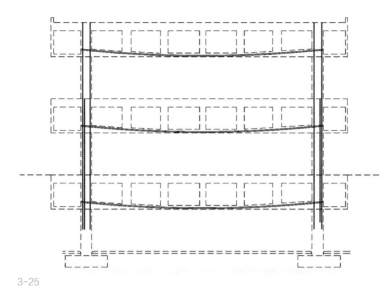

3-25

图 3-25 萨克生物
研究中心，拉由
拉，路易斯·康，
1959-1965／后拉
预力钢腱配置图

考量当地多地震的实质环境问题，康在萨克生物研究中心的整体结构系统组构上，应用了后拉预力混凝土的施工技术。这包括：结构支承柱以及弗伦第尔桁架的下弦部位，均埋设有后拉预力钢腱，并且在与地面连接的结构部位，额外配置一条预力钢腱，增强结构骨架对于地震水平侧向力的抵抗强度【图 3-25】。这与康在理查德医学研究实验室单纯地应用后拉预力来组构混凝土预制构件的目的有所不同。

由于实验室被设计成对称的配置关系，康通过东侧的地下室空间，将两幢建筑体量予以连接，两幢实验室的设备系统也因此能够彼此支援，让实验室得以维持全时性不间断的运作。每套管线也都有两组以上的传输来源，避免管线维护时实验室的运作受到影响。位于东侧的建筑楼层，则是主要的大型机械设备设置之处，提供实验室设备系统主要的动力来源；新鲜空气由其外侧的开口进入，进行能源交换之后，再经由弗伦第尔桁架设备层，将新鲜气体传输至实验室空间中。而基于实验室新鲜进气必须与污染废气分离的原则，康将废气排放管道整合于实验室旁的研究室体量的混凝土结构中，在空间结构上，清楚地形成服务与被服务的主从关系【图 3-26、图 3-27】。设备层中的管线传输，则依循着弗伦第尔桁架结构孔隙的大小被加以安排。

153

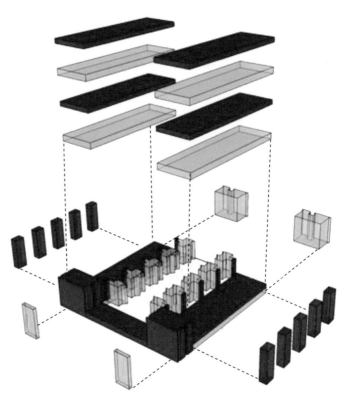

图3-26 萨克生物
研究中心，拉由
拉，路易斯·康，
1959-1965 / 服务
与被服务空间、进
气与排气塔楼组构
关系图

图3-27 萨克生物
研究中心，拉由
拉，路易斯·康，
1959-1965 / 长向
剖面图（设备管线
传输分析）

被服务空间（实验室／研究室／行政管理／图书馆）　　进气塔楼

服务空间（设备层／东翼主设备层）　　排气／垂直动线塔楼

3-26

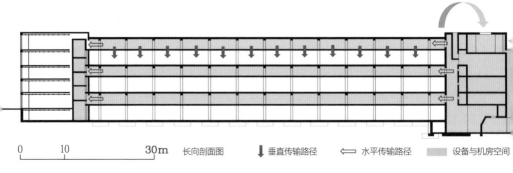

0　　10　　　　30m　长向剖面图　↓ 垂直传输路径　⇐ 水平传输路径　　设备与机房空间

3-27

由于施加后拉预力的缘故，弗伦第尔桁架中央孔隙的面积较大，康的设计团队便将尺寸较大的输送管线配置于此，再以垂直于主管线的方向分配传输支干。支干分配的逻辑主要是：内侧配置新鲜冷热进气管线，外侧配置排气管线。符合实验室空间"中央设置实验机台、周边配置排烟箱体"的空间使用机能【图3-28】。

虽然一样是实验室空间类型，在回应空间内在意欲的设计思维上，康对于萨克和理查德实验室构造与设备配管整合的策略，仍具有不一样的构筑特性。首先，在结构形式上，康扩大了弗伦第尔桁架结构孔隙的可利用性，将原本整合结构与设备管线的构筑策略，扩大为整合了空间、结构与设备配管的结构形式。除了提供未来设备管线的维修与更替有更大的便利性，对于日后人员和机械设备扩增，也更有弹性成长的空间；同时也避免了在实验室空间中外露设备管线、导致灰尘累积的隐忧。

在空间组织的安排上，康将服务与被服务空间的观念，从二维的平面配

图 3-28 萨克生物研究中心，拉由拉，路易斯·康，1959–1965 / 弗伦第尔桁架设备层机械管线配置图

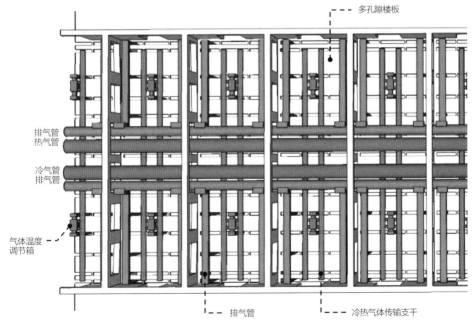

多孔隙楼板

排气管
热气管

冷气管
排气管

气体温度
调节箱

排气管

冷热气体传输支干

置，延伸至三维的空间剖面关系上，在垂直向度的空间组织中诠释"空间如何被服务"的设计思维；此外，在理查德实验室中遭受批评的太阳光线直射问题，康也通过弗伦第尔桁架设备层延伸出去的维修通道，提供作为实验室的外部遮阳体。

在结构技术的应用上，康在这两幢实验室建筑，均应用了后拉预力的混凝土施工技术。然而，在理查德实验室是回应其钢筋混凝土预浇注构件的组构方式，在萨克实验室则是用来增强结构体抵抗地震力的结构强度。不论它们的使用目的为何，在整合设备配管的构筑策略上，以弗伦第尔桁架来传输设备管线的结构孔隙面积均扩大了。

最后，在构造形式的开发上，康不仅应用弗伦第尔桁架多孔隙的结构特性，而且设计了多孔隙楼板的构造形式。基于发挥材料特性的细部操作策略，康清楚地表达出，他所谓形塑"空心石头"的构造与设备配管整合的构筑思维。

## ■ 构筑理性的诗意与困境

为了展现空间理性的构筑秩序，康反对使用悬吊式系统天花来整合设备管线的做法，却也必须面临暴露管线所带来的视觉美观与空间形式紊乱等的负面问题。为此，康试图从发掘实验室的空间特性出发，去发展设计与相关细部整合的问题。他曾经提出："*机械设备空间所产生的干扰，必须借由进一步的发展结构以求解决。整合是自然之道，我们可以向自然学习。*"[15] 康借由发挥构造材料的内在特性与强调组构秩序的设计概念，将原本被现代主义建筑师视为不雅而必须加以隐藏的设备管线，变成呈现空间组构逻辑的一种表现元素，直接地传达出"空间如何被建构与如何被服务"的信息；并且应用整合设备管线、结构与空间的设计策略，来回应实验室空间具有大量设备管线的内在特质；通过这些建筑元素实质的组构关系，来展现实验室的内在形式与空间特性。

康对于实验室空间构造与设备配管的整合设计，清楚地实践了先前他所强调的设计思维："*依照我的看法，一幢伟大的建筑肇始于不可量*

度，当它被设计乃至于完成，必须经历过一连串可量度的方法，最后必定呈现出不可量度的特质。"[16] 通过对构造材料与空间自然法则的探索与学习，康的实验室建筑作品，呈现出有如诗般展现真理的空间特质。

针对理查德与萨克实验室构造与设备配管整合的策略进行分析后，我们可以发现，不论是暴露或者是包覆设备管线，康思考管线的配置方式，均依循着结构的秩序与空间机能的特性。如此，设备管线与结构形式整合的逻辑，不但可以清楚地被加以阅读，而且也避免了康所担心的"外露管线破坏空间秩序"的负面隐忧。

相较于 20 世纪 50 年代，当时普遍以悬吊式系统天花以及双层墙来隐藏设备管线，康借由结构形式来整合设备管线的做法，不仅呈现出由构造元素的材料特性所展现的空间特质，也为管线日后的维修与更替提供了更大的便利性；再加上服务与被服务的独立空间操作，康的实验室建筑，清楚地展现进气与排气的空间特质，更表现出反映内在特质的外在形式特征。然而就空间的使用弹性来看，模具化的悬吊式系统天花，则较利于日后人员的扩增与空间的弹性变动。

康依循结构秩序与内部空间的使用机能来配置设备管线的方法，虽有助于管线的整合与维护，却限制了日后实验室空间机能调整的机会；而强调以光线变化展现空间特性的手法，也造成理查德实验室太阳光线直射与室内温度上升的结果。康强调展现空间理性构筑逻辑的设计思维，明显地陷入了无法兼顾"追求空间诗意"与"满足实用需求"的困境。

# ❹ 路易斯·康的建筑思维与实践之二：图书馆

## ■ 复合式的结构系统与特性

菲利普斯·埃克塞特学院图书馆的结构系统，是砖构造和钢筋混凝土构造的综合体，由外侧的红砖墩柱和承重墙体包覆内侧的钢筋混凝土柱梁系统而成。砖造结构的部分则由平拱、承重砖墙与红砖墩柱所组成，分别于四向立面形成独立的构造单元。其结构跨距长向为6.2米，短向为3.8米，每向总长为24.8米。除了抵抗静载重之外，砖造结构的拱廊形式还必须能够抵抗整体水平侧向应力的变化。

内侧的钢筋混凝土结构系统，主要由四个角落中总共八道的主承重墙面，和中心两对斜向的结构支柱组，构成整体的结构骨架，整体以11米×11米的正方形平面为一结构模矩，宛若四座大型的钢筋混凝土支承柱，肩负着组织所有结构元件和结构承载的角色。两套系统最终借由钢筋混凝土楼板构造整合成一体。中心斜向的支承柱在顶层连接成两道

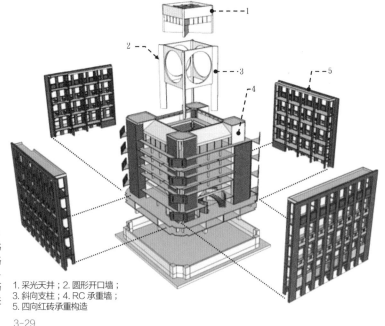

图3-29 菲利普斯·埃克塞特学院图书馆，埃克塞特，路易斯·康，1965–1972 / 红砖与钢筋混凝土结构组构关系3D拆解图

1. 采光天井；2. 圆形开口墙；
3. 斜向支柱；4. RC承重墙；
5. 四向红砖承重构造

3-29

斜交的深梁，并向上撑起采光屋顶。当整体结构承受水平侧向力时，位于角落的混凝土承重墙和中央的圆形开口墙，提供了稳定结构所需的侧向与斜向支撑。康也通过此圆形开口，提供大厅与书库间视觉上穿透的可能性，传达出康的设计思维中想要诠释的，充满书香邀约的场所【图3-29】。

在埃克塞特学院图书馆结构系统的构筑过程中，康所思考的是：如何发挥构造材料内在的本质特性，并呈现于外在形式的特征上。诚如他所言的"'外在形式'是由表达出'内在形式'的结构元素所形成"[17]，在外部红砖承重构造的结构形式上，就体现了这样的设计思维。立面墩柱的尺寸逐层地向上递减，呈现出底层厚实而上部轻盈的形式特征，在外在形式上，清楚地标示出不同高度上力学承载的差异性【图3-30】。康在描述此承重砖造的结构特征时曾说道："砖总是告诉我，说你错过了一个良机……砖的重量让它在上面像仙女一样地跳舞，而下面则发出了呻吟。"[18]

位于书库区的结构形式采取特殊的钢筋混凝土组构方式，为了支撑藏书区的载重，增加了梁体配置的密度，并于其中设置了四根梁上支承柱；

3-30

图 3-30 菲利普斯·埃克塞特学院图书馆，埃克塞特，路易斯·康，1965-1972 / 逐层往上退缩的红砖墩柱

位于下面的公共空间，为了形成大跨距的空间形式，改采两道具有三角形开口的深梁，取代落柱作为结构支撑【图3-31】。在整体的构筑过程中，康通过不同的材料与结构形式，表现图书馆中人与书不同的空间特性。诚如他所强调的，必须尊重每一种构造元素独立存在的精神，然后以实质的结构形式展现出事物的存在意志。康具体实现了他所主张的"建筑必须从不可量度处出发"，经由可量度的实质设计操作之后，最后展现不可量度的内在特质。

## ■ 构造形式、材料与细部

在思考构造材料的本质特性上，康提出对于材料本性客观认知的设计思维。他认为，自然物与人造物都是精神与物质并存的存在于这个世界上，而自然物依循着自然的法则而产生；相对地，人造物是人为意志的展现，遵循着人的规则而形成。

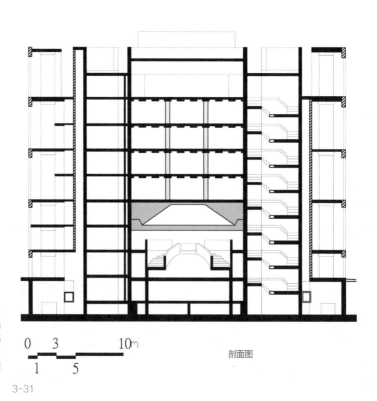

图3-31 菲利普斯·埃克塞特学院图书馆，埃克塞特，路易斯·康，1965–1972／剖面图（内部结构的组构关系）

0　3　10m

1　5

剖面图

3-31

康认为，建筑设计与艺术创作不同，建筑师无法像艺术家一样直接表达个人的意志，不能单凭主观的认定进行材料的表现，必须通过材料本身去明了其所具有的本质特性，再将其反映在建筑设计上。

基于对材料本性与构筑上的客观认知，面对埃克塞特学院图书馆中红砖与钢筋混凝土两种构造材料的整合，康思考的重点是：将红砖承重和钢筋混凝土抗拉的材料本质特性，应用在正确的结构位置上。在埃克塞特学院图书馆立面的砖造平拱开口的背后，均安置着一段钢筋混凝土的系梁，承担了部分楼板载重对砖拱所造成的垂直向应力，使得角落处的砖造开口尺寸，得以维持在相同的立面间距："**有时你央求混凝土去帮助砖头，而砖头会非常高兴。**"[19]【图 3-32、图 3-33】康试图发挥材料本质特性所具有的物理性质，并将其应用在最符合其内在形式所具有的力学特性的结构位置上。

图 3-32 菲利普斯·埃克塞特学院图书馆，埃克塞特，路易斯·康，1965—1972 / 砖造平拱开口剖面透视图

图 3-33 菲利普斯·埃克塞特学院图书馆，埃克塞特，路易斯·康，1965—1972 / 砖造平拱开口组成剖面分析图

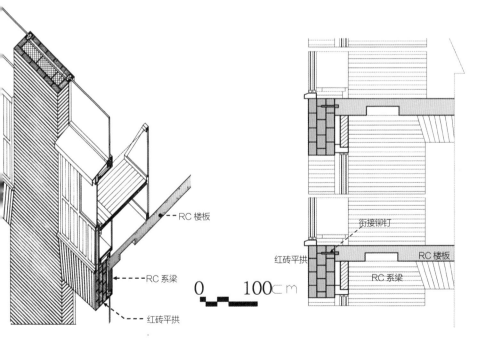

RC 楼板

RC 系梁

红砖平拱

衔接铆钉

红砖平拱

RC 楼板

RC 系梁

0    100 ㎝

32

3-33

## ■ 构造与空调配管之整合

基于服务与被服务空间的空间组构概念，康在回应整合设备管线的议题时，提出各类型的服务空间必须在空间及结构形式上独立的想法："主要空间的特性，可以借由服务它的空间得到进一步的彰显，储藏室、服务间、设备室不应该是由大的空间中区隔出来，它们必须拥有自己的结构。"[20]

在这样的空间操作思维下，康用来传输与整合设备管线的空间，都具有独立的空间层级与结构形式，不再是从被服务空间中所分割下来的剩余空间。埃克塞特学院图书馆的服务空间被安排在平面的四个角落处，在设计初期，传输管线的空间由独立的方形砖造设备核形塑，从地下机房将空调管线向上传输。然而，由于经费压力与基地地质特性的原因，康必须精简结构形式，才将原先方形砖造设备核与垂直动线核整合在一起，并缩减了地下室空调机房配置的数量，将原先四处的机房平面，调整成三处的配置模式【图 3-34、图 3-35 】。

除了从空间层级来思考构造与设备管线的整合外，康在回应构造材料的本质特性时，在构造和结构形式上提出"空心石头"的想法，并反对以悬吊金属天花的方式来整合设备管线："钢和混凝土的特性可以发展出虚和实并存的建筑元素，元素中的虚空处正好可以容纳服务设施。"[21]

康认为，空间的特性是由结构的特性所决定，不同的空间性质就必须由不同的结构形式来呈现。康试图借由发掘在建筑中各种有意义的结构可能性，来找出整合服务空间、设备管线乃至于空间整体中最有效率的结构形式，借此呈现，不同的空间类型在整合设备管线时，形式与空间特性上的差异。此外，形塑结构元素的孔隙或者由其组构成独立的设备空间，是康运用构造元素的本质特性，整合设备管线时的基本形式与构筑手法，也是其"空心石头"概念的具体实践。

埃克塞特学院图书馆构造与设备配管最终的整合方案，结合了红砖与钢筋混凝土两种构造材料。一如康所强调的，空间特性源自于结构特性，必须清楚地传递出构造材料的组构秩序。

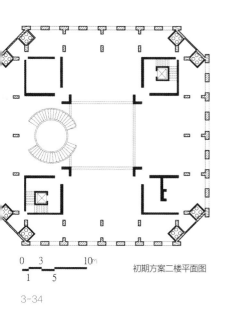

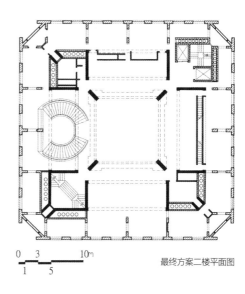

0　　3　　　10m
1　　5
初期方案二楼平面图

0　　3　　　10m
1　　5
最终方案二楼平面图

3-34

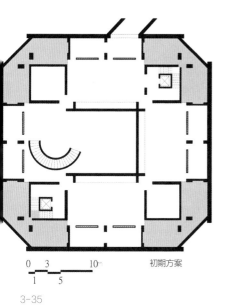

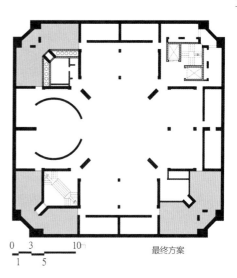

0　　3　　　10m
1　　5
初期方案

0　　3　　　10m
1　　5
最终方案

3-35

图 3-34 菲利普斯·埃克塞特学院图书馆，埃克塞特，路易斯·康，1965–1972 ／设备垂直传输空间的发展演变

图 3-35 菲利普斯·埃克塞特学院图书馆，埃克塞特，路易斯·康，1965–1972 ／地下机房空间的发展演变

面对埃克塞特学院图书馆构造与空调设备管线的整合操作，康思索红砖、钢筋混凝土与铝制空调圆管三种材料元素的整合逻辑，将包含着冷暖空调的铝制圆管，以完全暴露的形式，整合于红砖承重构造与钢筋混凝土柱梁系统衔接的楼板下方，经由视觉与触觉，对于构造材料质感的感知体验，凸显出这三种构造材料的组构逻辑，也清楚地呈现出空调管线在人（阅读区）与书（藏书区）之间的服务形式【图 3-36】。

整体空调设备管线的配置逻辑由地下室设备机房出发，经由平面四个角落处的管线垂直传输核向上传输，再通过配置于红砖和钢筋混凝土构造间的铝制空调圆管，做水平向度的传输，在每个楼层形成循环的路径。整体水平方向的空调圆管，直接从垂直传输核外侧的红砖墙面进出，只有顶楼的特殊书籍与研究室空间的空调圆管，是直接穿过钢筋混凝土的墙面，与垂直传输核连接【图 3-37】。

藏书区
混凝土建筑

阅读
砖造

图 3-36 菲利普斯·埃克塞特学院图书馆，埃克塞特，路易斯·康，1965–1972／空调管线配置剖面透视图

3-36

另外，管线传输核的构筑反映出材料特性与设备管线整合弹性的问题。内侧的钢筋混凝土墙面，主要担负起结构承载的角色；外围的红砖墙面，则利用其组构上叠砌的便利性，来回应日后管线变动的可能性，提供未来弹性调整开口的机会，不同于立面砖造结构体，应用红砖承重的特性来表现构造元素。面对构造与设备管线整合的问题，康通过材料本质特性组构上的差异，回应整合机能性弹性调整的问题。

## ■ 结构理性与真实性的整合原则

受法国巴黎美术学校教育理念所影响的康，承袭了结构理性主义的传统，除了对于材料本质特性与结构合理性的尊重之外，康更强调的是：构造元素组构逻辑的关系，必须在空间形塑的过程与感官体验中，清楚地加以呈现。空间如何被建构、如何被服务，是康建筑作品中除了"意欲为何"之外，急欲传达的设计思维。如同建筑史学家斯卡利教授所

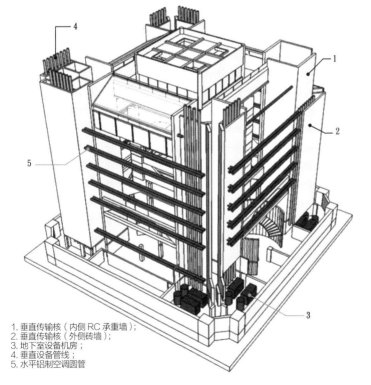

1. 垂直传输核（内侧 RC 承重墙）；
2. 垂直传输核（外侧砖墙）；
3. 地下室设备机房；
4. 垂直设备管线；
5. 水平铝制空调圆管

图 3-37 菲利普斯·埃克塞特学院图书馆，埃克塞特，路易斯·康，1965-1972 / 构造与空调配管整合 3D 透视图

3-37

言："路易斯·康的建筑造型起源于结构的特征……你可以感受到材料彼此间弹弄着力学的特性……"[22]

另一方面，如实地呈现构筑的痕迹，是康诠释组构逻辑最直接的做法。构造材料间彼此组构的接头、分割，都不能够加以抹饰，它们是源自于材料本质特性最自然的装饰，也是呈现构筑过程最真实的印记。

在埃克塞特学院图书馆构造与空调配管的整合设计中，红砖除了于外在形式上呈现出平拱、墩柱承重的力学特性外，在整合空调管线时，也利用其组构、叠砌的便利性，回应未来整合弹性的问题。配置于红砖与钢筋混凝土衔接处楼板下方的铝制空调圆管，更在视觉与触觉的感知中，凸显出红砖与钢筋混凝土构造的组构逻辑。此外，钢筋混凝土除了作为管线垂直传输核的结构支撑之外，混凝土表面所遗留的圆形模板接头与凹痕，说明了模板组立的方式与钢筋混凝土浇灌的施工顺序。

从红砖的力学特性、空调管线的配置方式，乃至于钢筋混凝土构筑的痕迹，都清楚地呈现出康所欲表达的"空间如何被建构、如何被服务"的设计思维，一种源自于材料本质特性所编织出的构筑语法，创造了有如诗中展现真理一样的空间氛围。

# ❺ 路易斯·康的建筑思维与实践 之三：美术馆

## ■ 美术馆空间本质的领悟与演变

1953 年，康的第一栋公共建筑作品"耶鲁美术馆"完工落成，它特殊的结构形式与空间特质，随即引起建筑界众多的回响。当时康认识到，美术馆建筑不应只是一个提供展示空间、空调设备、照明灯具、办公室与储藏室的空间类型，而应该思索空间的本质问题——它的"意欲为何"。

对于美术馆空间"秩序"的领悟，他提出必须为艺术作品形塑一个弹性空间的想法：每一个空间都应该拥有自己独立与完整的空间组织关系。进而反对从大空间中分隔出小空间的做法，并对空间使用的固定形式感到担忧。如此，参观者将有机会以不同的方式，感受到艺术作品与空间的特质。然而，当时联邦政府面临朝鲜战争时期的政经压力，严格地管制大型公共建设案的推行。康因此提出兼具使用机能与弹性的空间设计概念，来回应当时业主的需求与政经情势的限制。

在 1959 年荷兰奥特洛（Otterlo）举行的现代建筑国际会议（CIAM）上，康发表了自耶鲁美术馆后，他对建筑设计概念的见解与转变。当中最大的原动力来自于，他在理查德医学研究实验室、第一唯一神教堂与美国领事馆等案例上所累积的设计领悟与工程技术。他认为，现代建筑师应该理解空间的本质与其意欲为何，以实质的结构系统来整合设备管线与使用机能，并引进自然光线来界定出空间形式。康强调，现代建筑师不应该只是遵照建筑计划书来从事设计工作。在论述美术馆建筑的设计观念时，他提出自己的看法：

在耶鲁美术馆中，我运用了一点点的秩序观念，所完成的是自由空间的美术馆，我必须承认，当时有一些是我尚未能完全"理解"的；"理解"的事物不同，设计也将完全不同。虽然就某些方面来说，这座美术馆还算不错，但是如果现在叫我再设计一座新的美术馆，我想我不会完全依照馆长的要求，采用自由空间的处理方式，我会更注意对建筑空间的探讨。我想我会做出许多不同特质的空间，参观者也将因为不同的空间特质，而有不同参观艺术品的方法；馆长也必须配合各种从上、从下、从细长切口，或其他任何他所希望的采光方式调整展览，如此他将发现，这是一处适合运用各种方式展示作品的空间环境。[23]

基于这样的主张，在随后的美术馆设计案中，当康重新思考"一处看画的空间本质"时，结构形式与自然光线的整合设计，便是他主要形塑展示空间特质的设计策略。

对此，他也曾提出说明："室内光线由建筑形式形塑。这种光线是神圣的光线，这光线确认了每天世界上一个特殊的场所，使我们与不可量度的抽象世界连接。这神圣的光线，浮现于日光与结构的交会之处。"[24]换言之，自然光线是呈现与转化客体（场所）内在形式的重要媒介，使主体能够通过实质的空间组成元素，感受到客体的内在特质。对于康来说，自然光线是所有存在物的赋予者，而结构是光线的创造者。康借由美术馆空间的构筑，演绎了他对于建筑、光线与主体之间，充满诗性的互动关系的领悟。

1966 年，康接获金贝尔艺术博物馆的设计委托案。筹备处馆长布朗明确地指出：未来的艺术博物馆，必须在自然光线的照明下，呈现出和谐的人性尺度。不同于先前设计耶鲁美术馆时对空间本质的领悟，康体认到：

自然光线应该扮演照明极其重要的角色……参观者应该随时能够与自然联系……实际上，至少能够看到片刻的落叶、天空、太阳和水。而气候、太阳方位、季节变化的印象，必须能够穿过建筑，并且分担艺术作品的照明和参观者的工作……我们仿照一种心理学的效果，在这种效果中，参观者能够在看见真实与世界运行多变的、片断的情况下，感受到他自己与艺术作品。[25]

基于这样的设计思维，康应用摆线形拱顶的结构形式，形塑展示空间的空间秩序与光线特质。参观者通过摆线形拱顶所形塑的中央顶光、天井，能够感受到一天中时间运行变化的空间氛围。

继金贝尔艺术博物馆之后，康对于展示空间自然光线控制的设计手法，颇受当时耶鲁大学英国艺术中心筹备馆长普罗恩的青睐，1969 年被正式委任为设计建筑师。在思考空间特质的过程中，康认识到，此设计案具有复合式的机构特质："它位于大学校园与都市街廊的双重脉络之中，以及内部收藏品的多样性。"[26] 他认为这是"图书馆与美术馆"两种机构类型的组成。因此，康试图借由这两种机构类型，来思考建筑本体的内在意欲，进而发展出空间的组织安排与平面配置的关系。他思考着，如何创造一个在人、书与画作之间具有亲密尺度的空间。

英国艺术中心整体的空间组织操作，仍然延续以结构形式与自然光线来展现空间特质的设计思维。康陆续提出桥梁结构、半圆拱、弗伦第尔桁架，最后选定 V 形折板的结构形式来引进自然光线。从中我们可以发现到，这些结构形式的演变，承袭自金贝尔艺术博物馆、理查德医学研究实验室、萨克生物研究中心初期的结构方案。

康将先前在各种建筑类型的设计中，探索结构形式所累积的经验与技术，成熟地落实在美术馆空间形式的组成与自然光线的整合之中。我们在耶鲁美术馆、金贝尔艺术博物馆与英国艺术中心，都可以感受到康利用结构元素所表现出的空间特质。然而，这三座美术馆最大的差别在于：康晚年对于美术馆建筑空间本质的探寻，领悟到了自然光线的重要性。在后期的两座美术馆作品中，参观者能够在自然光线的变化所呈现的动态氛围下，感受到艺术品、空间以及自身的存在。

## ■ 结构与服务设备的整合

### 1. 耶鲁美术馆

1954 年在耶鲁美术馆完成后，康对于建筑应该如何整合设备管线，发表了明确的看法："我们应该更努力地发展出某些能够容纳房间或是空间所需机械设备的结构系统，而且不必隐藏它，遮蔽结构的天花板将破坏空间原有的尺度。"[27] 康认为，利用悬吊式天花来整合设备管线的做法，破坏了构造与设备管线整合的秩序，建筑本身也失去了传达组构逻辑的特质；建筑师应该发挥材料的本质特性，借由实质的结构元素来整合设备管线。

在思考耶鲁美术馆构造与设备管线的整合设计时，康试图发挥钢筋混凝土材料的特质，在结构系统的构筑过程中来整合设备管线。耶鲁美术馆的结构系统主要由支承柱、四面体楼板系统与空心的矩形折板梁所组成【图3-38】。平面的中心为了整合所有的设备管线，则无四面体楼板系统的分布，改由钢筋混凝土楼板与可弹性更替的金属网状天花取代。

出于当时校方要求，室内空间必须具有多功能用途的使用弹性，设计团队于是以 4 米 ×8.4 米作为结构模具，回应日后弹性变更使用机能的可行性。同时，对于当时公部门所要求的结构测试，也超出了规范标准，此结构系统最终才能付诸实行。其中四面体混凝土楼板系统，是由三种混凝土构造元素所组成：1. 上层楼板（10.16 厘米厚）；2. 倾斜 20 度的小梁（12.7 厘米厚）；3. 三角形侧向斜撑（8.89 厘米厚）。整体构造由现场浇注混凝土的方式组构而成，其混凝土表面不加任何修饰，让构造元素呈现出组构过程的材料印记。康认为，材料间彼此连接的接点是

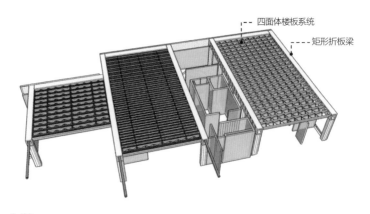

四面体楼板系统

矩形折板梁

图3-38 耶鲁美术馆，纽黑文，路易斯·康，1951—1953／结构形式3D模拟图

3-38

建筑本体装饰的来源，也是其设计思维中所要传达的"建筑是如何被完成"的具体实践。同时，在四面体楼板系统的整合设计中，康也领悟到了服务与被服务空间的组织想法。

四面体楼板系统与设备管线的组构过程，可简单地分为两个程序。第一阶段由可重复使用的金字塔形、三角形和矩形模板，组立成三角形侧向支撑和倾斜小梁的模板构造，再由倾斜小梁上端注入混凝土粒料，让三角形侧向支撑和倾斜小梁一体成形，并预留钢筋于倾斜小梁上端作为连接楼板之用。

第二阶段混凝土浇灌之前，在已完成的三角形侧向支撑与倾斜小梁的孔隙间，架设空调和电力管线，并于上部铺设吸音模板，作为楼板底部的永久性结构元素。随后，连接倾斜小梁的预留钢筋，并将混凝土浇注楼板之后，便完成了四面体楼板系统的组构过程；设备管线的配置，便依循着四面体楼板系统的构筑秩序，整合于三角形的孔隙中。空间如何被服务、如何被建构，都展现在四面体楼板系统的结构形式与组构过程中【图 3-39~ 图 3-42 】。

此楼板系统比一般 101.6 厘米跨距的楼板多了 60% 的重量，《建筑论坛》（ Architectural Forum ）杂志评论，该系统具有五种主要的特性：

图 3-39 耶鲁美术馆，纽黑文，路易斯·康，1951-1953／四面体楼板系统第一阶段组构 3D 模拟图

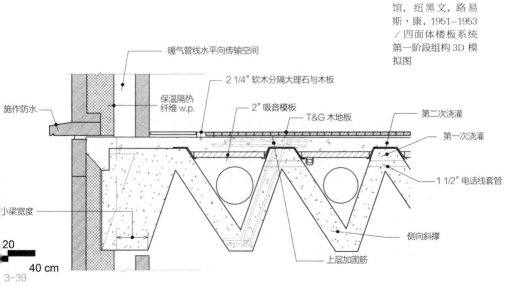

暖气管线水平向传输空间

2 1/4" 软木分隔大理石与木板

保温隔热纤维 w.p.

施作防水

2" 吸音模板

T&G 木地板

第二次浇灌

第一次浇灌

1 1/2" 电话线套管

小梁宽度

侧向斜撑

上层加固筋

20

40 cm

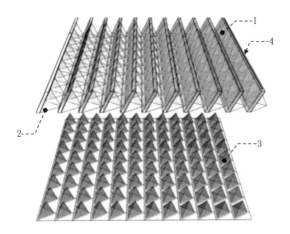

1. 倾斜小梁模板；2. 三角形侧向倾斜模板；
3. 三角形侧向倾斜底模；4. 混凝土浇灌面

3-40

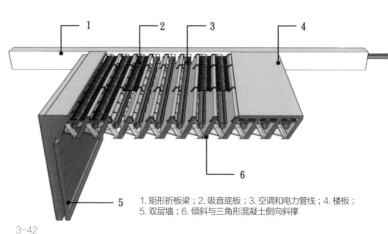

1. 楼板构造的隔音底模；2. 倾斜小梁；
3. 三角形侧向斜撑；4. 电力管线；5. 冷气空调管线

3-41

图 3-40 耶鲁美术馆，纽黑文，路易斯·康，1951-1953／四面体 RC 楼板系统细部剖面图

图 3-41 耶鲁美术馆，纽黑文，路易斯·康，1951-1953／四面体 RC 楼板系统第二阶段组构拆解图

图 3-42 耶鲁美术馆，纽黑文，路易斯·康，1951-1953／四面体 RC 楼板系统与设备整合透视图

1. 矩形折板梁；2. 吸音底板；3. 空调和电力管线；4. 楼板；
5. 双层墙；6. 倾斜与三角形混凝土侧向斜撑

3-42

1. 美学；2. 照明；3. 声学效果；4. 结构；5. 冷暖空调[28]。楼板本身不仅揭示了结构的秩序，并且清楚地呈现了构造元素彼此间组构的关系，传递出一种展现真实性的空间美感。在照明灯具的整合上，金字塔形的空隙提供了人工照明灯具适度的隐藏效果，人工灯具的安排可依照活动隔板做弹性的安置。斜梁底腹也可作为日后活动隔板的固定之处。楼板构造的孔隙与倾斜的角度也有利于声响的吸收。楼板下方的吸音模板，更提高了整体室内声音吸收的效果。此系统除了结构应力上融合了空间桁架系统和钢筋混凝土构造的力学特性之外，防火性能也优于当地的法令规范，着实超出了结构和防火安全的考量。

基于"建筑师应该创造空间、而不该隐藏任何可以展现构筑逻辑的组成元素"的设计思维，四面体楼板系统的整合设计，是康发挥材料特性，以具体结构元素来整合现代化设备管线的初步实践。在耶鲁美术馆的设计过程中，他提出"空心石头"的整合概念，以四面体楼板系统的构造孔隙诠释了"空心石头"的设备整合思维。此楼板系统的结构形式，一方面整合了设备管线，另一方面也展现了具有构筑逻辑的空间特质，避免了外露设备管线破坏空间秩序的负面隐忧。

## 2. 金贝尔艺术博物馆

不同于先前耶鲁美术馆以人工灯具的照明方式，在金贝尔艺术博物馆中，主要是以自然光线照明为主。从金贝尔艺术博物馆一系列的设计草图中，我们可以发现，康应用自然光线与结构形式展现空间特质的领悟。他试图应用各种结构形式的可能性，引进自然光线并整合设备管线。康的设计手法是：将屋顶构造打开，引进由上而下的自然光线。

基于赋予空间和谐的人性尺度，设计定案时，康选定了摆线形拱顶的结构形式。然而，由于自然采光的设计需求，拱顶上部的中央开口，已经破坏了筒形结构系统的完整性；再加上拱顶单元的结构跨距为 33 米×6.7 米，更造成此摆线形拱顶结构稳定性分析上的困难。

为了解决此问题，结构工程师科门登特提出了三项结构系统的改善建议：首先，采光开口的周围必须加劲，在拉力承载的最大处也必须增加其断面深度；其次，在摆线形拱顶的末端，借由施加后拉应力的拱形边梁来稳定拱顶的形状；最后，在拱顶的钢筋混凝土构造中施加后拉应力，并于承受张力最大处，附加后拉应力的纵向长梁。

分析此摆线形拱顶的结构系统，其受力特征类似于简支梁的结构行为。左右两侧分开的拱顶，由裂缝间横向的短梁联结，并坐落在四个角落的结构支柱上。结构形式展现出有如飞鸟双翼的形式特征。科门登特借由结构形式的调整与预力混凝土技术的应用，使得此摆线形拱顶中央开口的结构形式，终于符合了结构强度上合理的要求【图3-43、图3-44】。

金贝尔艺术博物馆摆线形拱顶的组构过程，先由结构支承柱与拱形边梁的钢筋混凝土构造开始着手，随后再依次进行拱顶部位的组构工事；而摆线形拱顶的模板组装，则是借助了海事造船的模板支撑技术才得以顺利进行，中间铰接的木桁架支撑底座可以自由地张合，重复地应用于混凝土的浇灌过程中。

当拱顶底座模板固定完成后，继续拱顶钢筋的绑扎与埋设后拉预力钢腱，绑扎完成后，再于其上安装垂直向的模板固定直条。拱顶混凝土的

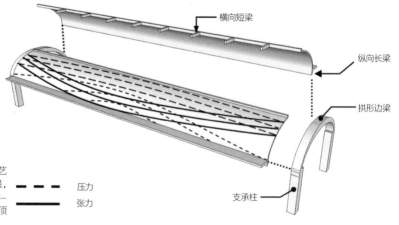

横向短梁

纵向长梁

拱形边梁

支承柱

图3-43 金贝尔艺术博物馆，沃斯堡，路易斯·康，1966–1972 / 摆线形拱顶结构3D分解

– – – – 压力
———— 张力

3-43

纵向长梁

3-44

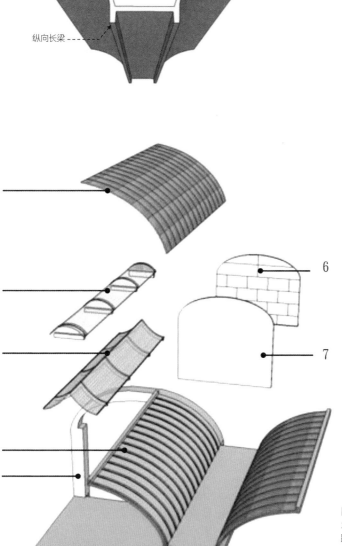

1

2

3

4

9

5

6

7

8

1. 防水铅板；
2. 乳白玻璃采光罩；
3. 铝制光线反射器；
4. 垂直模板固定直条；
5. 中空窝状板；
6. 石灰华片材；
7. 混凝土墙面；
8. 空调设备空间；
9. 结构支承柱与拱形边梁

3-45

图 3-44 金贝尔艺术博物馆，沃斯堡，路易斯·康，1966—1972 / 摆线形拱顶结构单元

图 3-45 金贝尔艺术博物馆，沃斯堡，路易斯·康，1966—1972 / 摆线形拱顶构造组成 3D 拆解图

浇注过程，为减少浇注曲面时的侧向应力与粒料分离的可能，采用水平向小模板，一次 30.5 厘米层层叠加的浇注组构模式。最终当拱顶混凝土养护完成，模板构造只拆除水平向的小片模板，而垂直向的模板固定直条，则继续用来固定最上层的防水隔热铅板，将铅板贴附于拱顶上层表面后，摆线形拱顶的建造便告完成【图 3-45】。

康在规划金贝尔艺术博物馆整体结构秩序的同时，也在思考如何整合设备管线的问题。他借由结构形式的整合，有秩序地将空间组织的效率提升，并提出服务与被服务空间的概念，将设备管线对空间的干扰降到最低。

我们可以从垂直与水平两个向度，检视康所提出的服务空间的概念。垂直向度的服务空间，主要是支承柱与双层墙体的构造组合。设备管线借由支承柱所围塑的空间，垂直向上层空间传输，再借由双层墙体的构造孔隙，分布至各个被服务空间周围；水平向度的服务空间，则包含地下设备机房、纵向长梁与铝制天花所组构成的传输通道。管线从设备机房出来后，连接至垂直向度的服务空间，再通过纵向长梁与铝制天花所围塑的传输通道，向展示空间提供所需的设备服务。

另一方面，康尝试利用不同的构造形式，区分不同的服务机能：在整合

图 3-46 金 贝 尔艺术博物馆，沃斯堡，路 易 斯·康，1966-1972 ／ 结构形式与设备管线整合 3D 模拟图

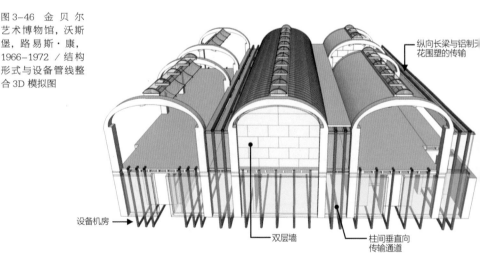

纵向长梁与铝制天花围塑的传输

设备机房

双层墙

柱间垂直向传输通道

3-46

空调循环系统时，康设计了不同的双层墙形式，区分空调进气与回风的机能差异。整合空调回风管线的双层墙下端，设计成水平长向的开口；传输空调进气管线的双层墙，则直接与纵向长梁的水平通道连接，由上而下提供展示空间所需的空调进气服务【图3-46~图3-48】。

相较于耶鲁美术馆，金贝尔艺术博物馆在构造与设备管线的整合设计上，采取将管线的安置与结构元素的组构次序分离的方式。设备维护与管线更替可以不受结构形式有限空间的限制，提高未来设备管线维修与更替的弹性。水平与垂直向度的服务空间，使得被服务空间能在更具弹性且不受设备管线传输限制的条件下自由地配置。另一方面，整合设备管线的服务空间，其组构逻辑均依循着摆线形拱顶的结构秩序：康结合了结构跨距柱位的间隙，以及摆线形拱顶的模具化空间形式，发展出依附于被服务空间组织、垂直与水平向度的构造组合，使得设备管线的整合，能在服务与被服务空间实质的建造过程中完成。

## 3. 耶鲁大学英国艺术中心

英国艺术中心的结构形式，是由钢筋混凝土的柱梁框架与不锈钢的围封外墙所组成。由于施工与经费限制的考量，除了顶部美术馆的∨形折

图3-47 金贝尔艺术博物馆，沃斯堡，路易斯·康，1966-1972 / 整合空调系统的双层墙构造断面（左：回风，右：出风）

图3-48 金贝尔艺术博物馆，沃斯堡，路易斯·康，1966-1972 / 空调设备管线与结构的整合形式

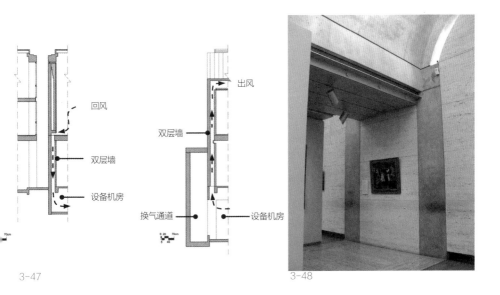

3-47　　　　　　　　　　　3-48

板梁体于工厂预制后托运至现场，与结构框架浇注混凝土连接而成之外，整体结构系统的构筑，依循着 6 米 × 6 米的结构模具，采用现场浇注混凝土的方式组构而成【图 3-49】。

康在英国艺术中心结构形式的表现，让人联想起埃克塞特学院图书馆的砖石立面结构。砖石墩柱断面随着楼层上升而逐渐递减，暗示着上层结构承载的减少。而钢筋混凝土柱梁框架的结构形式，也遵循着这样的结构理性逻辑。其支承柱除了尺寸的递减之外，也向内退缩，在立面上形成内凹的阴影分割效果，清晰地呈现出内在结构逻辑的组构方式。

围封墙体是由玻璃与毛丝面不锈钢板组构而成。康认为，经过酸蚀的铁灰色不锈钢材质，与混凝土的色泽非常相称，与玻璃结合时又能创造出透明、不透明、反光与暗沉的丰富立面效果，能够反映出外在气候和光线的变化情形【图 3-50】。

康曾经描述艺术中心具有光影变化的外在形式特质："**在阴天看起来像只蛾，在艳阳天看起来像只蝴蝶。**" [29] 这是康第一次大规模应用金属材质于外在形式的构筑上。他借由表现工业化材料的特殊质感、标准化

图 3-49 耶鲁大学英国艺术中心，纽黑文，路易斯·康，1969–1974 / 结构系统 3D 拆解图

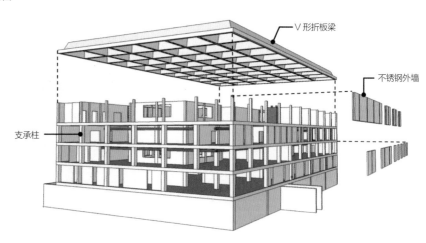

V 形折板梁

不锈钢外墙

支承柱

3-49

与组装的本质特性，呈现出不同于耶鲁美术馆与金贝尔艺术博物馆厚实的纪念性形式特征。

关于服务与被服务的空间组织议题，在设计发展的初期，康将机械设备与垂直逃生楼梯，整合成独立的垂直塔楼，配置于平面的四个角落，在平面中央则设置主要的垂直动线核。服务与被服务独立的空间组织关系，形成鲜明的空间秩序，核心与角落的配置方式，也凸显了服务空间的主从逻辑。

然而，在预算有限的压力下，设计后期进行空间结构的精简，原本设置于平面角落的垂直塔楼，被调整成内部两座独立的设备管线传输核【图3-51】。服务空间配置的逻辑，是借由垂直动线核和独立的设备管线传输核，形成主要的垂直向服务支干，连接各楼层的循环管线、折板梁体内的空调系统以及地下层的设备机房。其中，两座独立的设备管线传输核，扮演着整合水平与垂直向度管线的核心角色；并依据各楼层传输管线的数量，来改变其空间的大小，从原本附属于楼梯塔楼的垂直管道间，变成是整合设备管线、独立的机能性空间【图3-52】。

179

3-50

图 3-50 耶鲁大学英国艺术中心，纽黑文，路易斯·康，1969—1974 ／随着光影变化的外部金属立面

英国艺术中心的构造与设备管线整合的组构过程，延续了康在萨克生物研究中心以及埃克塞特学院图书馆所运用的构造与设备配管整合的方式，以结构元素包覆与暴露管线的形式，思考设备管线的整合问题。由于顶层美术馆的展示空间必须考虑自然光线的整合问题，康应用了在萨克生物研究中心初期的设计草案中，整合了结构、空调管线与采光天窗的 V 形钢筋混凝土折板构造，并将其构造单元组合成双向的正交模式，来回应艺术中心正方形平面的结构模具。V 形钢筋混凝土折板构造整体组构出的正方形开口，也是采光天窗的架设之处【图 3-53】。

相较于顶层的展示空间将空调进气管线整合于折板构造中，康在其他楼层则采取直接暴露不锈钢圆管的整合形式，以提供空调进气的服务。设备整合的逻辑为：由中央的设备管线传输核，向周围的空间传递空调出风的管线【图 3-54】。

为避免暴露的管线破坏了空间的秩序，康将不锈钢圆管以双管循环的配置形式，整合于柱梁框架的结构模具中，清楚地说明了他所谓"展现空间如何被服务"的整合思维【图 3-55、图 3-56】。康认为，将管线暴露的配置逻辑，与结构的秩序整合在一起，能够避免杂乱的设备管线破坏空间秩序的负面隐忧，整合的逻辑也才能够被加以阅读。如此，暴露的管线也能像雕塑品般，在空间中营造出优雅的艺术氛围。

图 3-51 耶鲁英国艺术中心，纽黑文，路易斯·康，1969-1974 ／ 平面组织发展演变流程

暴露设备管线的整合形式，不再像是现代主义建筑师的设计思维中那种难登大雅之堂的空间表现形式，而变成是展现空间特质的表现元素。当

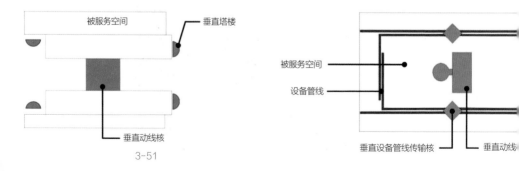

3-51

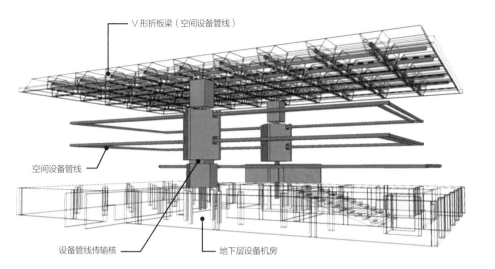

V形折板梁（空间设备管线）

空间设备管线

设备管线传输核

地下层设备机房

3-52

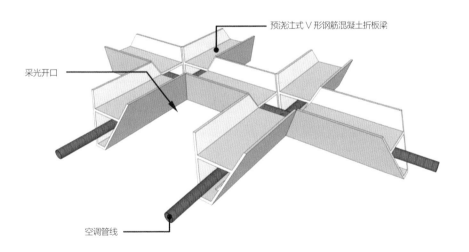

预浇注式 V 形钢筋混凝土折板梁

采光开口

空调管线

3-53

图 3-52 耶鲁大学英国艺术中心，纽黑文，路易斯·康，1969-1974 ／服务空间组织 3D 模拟图

图 3-53 耶鲁大学英国艺术中心，纽黑文，路易斯·康，1969-1974 ／预浇注式 V 形钢筋混凝土折板
构造与设备管线整合 3D 模拟图

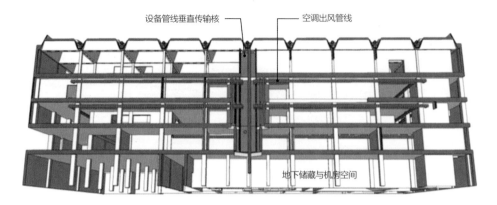

设备管线垂直传输核      空调出风管线

地下储藏与机房空间

3-54

图3-54 耶鲁大学
英国艺术中心,纽黑
文,路易斯·康,
1969-1974 / 空
间、结构与设备管
线整合3D模拟图

时,康曾为暴露管线的整合形式提出美学上的辩护:

假如我们能够在未来的结构中去隔离机械的设备管线,好像它们也有属于
自己的美学价值,就如同空间也有属于自己的美学定位,我们也就不需要
有任何在建筑中隐藏设备的借口。在英国艺术中心,我尝试更戏剧性地表
达这样的观点。在最初的设计方案中,外露的管线像是独立的物件。不同
特质的管线有空调进气、排气,负责在室内空间中传输空调气体。[30]

除了应用暴露的空调出风管线之外,为了减少设备管线的数量,康将
空调回风的机制整合于不锈钢墙板与中空楼板的构造组合之中【图
3-57】,有效率地发挥工业化金属材料组合的特性以及钢筋混凝土的结
构形式,解决回风管线的整合问题。

对于工业化金属材料的使用,康不仅应用不锈钢材作为设备管线的材质,
也将其应用在设备管线传输核的围蔽构造上。然而,设备管线传输核的围
蔽构造与外部立面,虽然使用相同的毛丝面不锈钢面板,不过在质感上,
和光滑的设备管线有所差异。康试图通过相同材料、不同的质感的特性,
呈现其功能上的差异性与整合时的主从逻辑关系。我们可以发现,不论是
金属或是钢筋混凝土材料,康都试图展现它们的本质特性,并借由实质的
构造细部组成和结构形式,思考机械设备的整合问题。

## ■ 自然采光的构筑思维

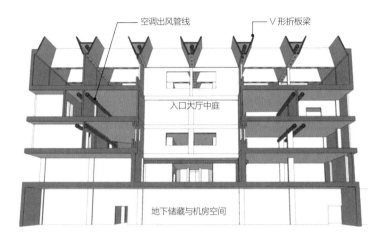

空调出风管线　　　∨形折板梁

入口大厅中庭

地下储藏与机房空间

3-55

图 3-55 耶鲁大学英国艺术中心，纽黑文，路易斯·康，1969-1974 ／空调出风管线传输分布 3D 模拟图

图 3-56 耶鲁大学英国艺术中心，纽黑文，路易斯·康，1969-1974 ／暴露空调出风管线的整合形式

3-56

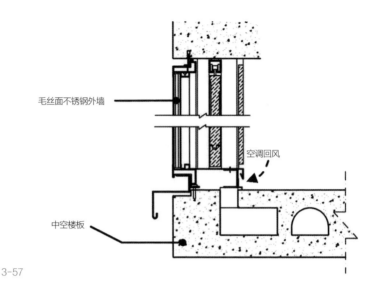

毛丝面不锈钢外墙

空调回风

中空楼板

图 3-57 耶鲁大学
英国艺术中心，纽黑
文，路易斯·康，
1969–1974 / 不锈
钢外墙与中空楼板
的构造细部断面

3-57

分析这三座美术馆的空间特质时，我们可以发现，自然采光与结构形式的表现，是它们之间最明显的差异。就如同康所言："构造体是一座在自然光线底下的设计成品，拱顶、穹窿、拱与柱子均是呼应阳光特质的构造体。自然光借着季节与四时推移，细腻的光线变化赋予空间不同的气氛，光似乎进入了空间并调整了空间。"[31] 自然光线与结构形式的表现，揭露了康在不同时期对美术馆空间本质探寻的结果。

康在耶鲁美术馆的设计中，尚未提出"以自然光线作为空间与艺术品主要照明来源"的设计想法。室内照明主要由人工灯具提供，并整合于四面体楼板系统的构造孔隙中。直到金贝尔艺术博物馆，才开始实践他以自然采光与结构形式来呈现美术馆空间特质的设计思维。从金贝尔艺术博物馆初期的设计手稿，以及与照明工程师凯利的讨论中可以发现，康尝试应用结构形式与各种创新的采光构造、材料的整合，来形塑自然光线在时间运行下的各种照明效果；并借由这些自然光线的差异性，区分出美术馆空间中不同的空间属性。在设计的构想过程中，自然光线的引进、反射、过滤与再扩散，是设计团队最主要的思考重点。

设计定案时，康借由摆线形拱顶中央开口的结构形式来引进自然光线，并在开口上部覆盖上具有过滤有害光线功能的乳白玻璃；光线经由铝制反射器，反射至摆线形拱顶表面，再通过拱顶表面的曲率，均匀地扩散至底下的展示空间；而铝制反射器调节光线的主要功能，则是由不透光的铝制金属板与多孔隙的铝板所组成【图 3-58、图 3-59】。人工照明灯具则固定在铝制反射器下端。

值得一提的是，为避免低角度的正午直射光线侵害展示墙上的画作，康将反射器的构造细部做了不同的调整：在展示空间的反射器，康扩大了中央不透光的铝板面积，遮挡了低角度的正午直射光线进入展示空间的可能性；而在大厅、演讲厅等公共性的空间，康则将中央不透光的铝板面积缩小，允许部分的直射光线照射至室内空间中【图 3-60~ 图 3-62】。换言之，参观者可以从反射器构造形式的差异，与空间中所呈现的不同光线特质，辨识出自己所在的空间属性。康借由光线反射器构造形式上的变化与结构形式的整合，营造出对展示画作较为合适的自然光线品质，也回应了布朗馆长所要求的"能够提供参观者感受到一天时间运行变化"的空间特质。

相较于金贝尔艺术博物馆的摆线形拱顶与铝制反射器，对于自然光线采取局部遮挡，而形成对比较为强烈的照明形式，康与凯利在思考耶鲁大学英国艺术中心结构与自然采光的整合设计时，则提出开放式均布顶光的照明策略。在展示空间内的艺术作品，可以全然地暴露在经过调节的自然光线中。

在思考整合设计的期间，针对如何防阻基地北向自然光含有较多紫外射线的问题，凯利提出了一套"光线理论"。他试图借由采光构造的细部组成，将自然光区分成三种层级：1. 未经处理的自然光；2. 二次反射的自然光；3. 经过过滤与再扩散的自然光。康与凯利所发展出的采光构造设计原则希望，在低角度的阳光照射下，能够引进更多的自然光线，而在高角度的太阳光时，则允许最少量的自然光进入；另一方面，为避免北向自然光的紫外线侵害，仅允许东、西、南向的自然光能够进入到室内空间中 [32]。

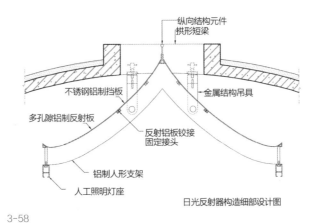

纵向结构元件
拱形短梁

不锈钢铝制挡板

金属结构吊具

多孔隙铝制反射板

反射铝板铰接
固定接头

铝制人形支架

人工照明灯座

日光反射器构造细部设计图

3-58

186

图 3-58 金贝尔艺术博物馆，沃斯堡，路易斯·康，1966-1972 / 日光反射器构造细部设计图

图 3-59 金贝尔艺术博物馆，沃斯堡，路易斯·康，1966-1972 / 铝制光线反射器构造细部 3D 拆解图

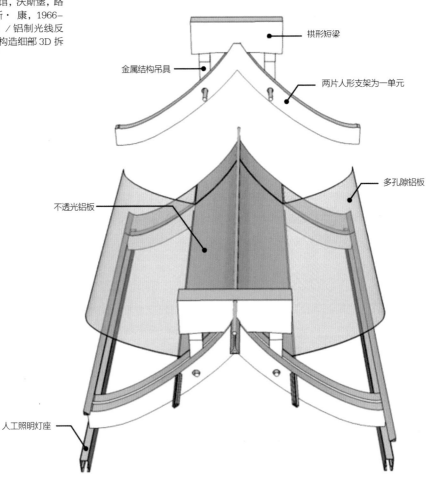

拱形短梁

金属结构吊具

两片人形支架为一单元

多孔隙铝板

不透光铝板

人工照明灯座

3-59

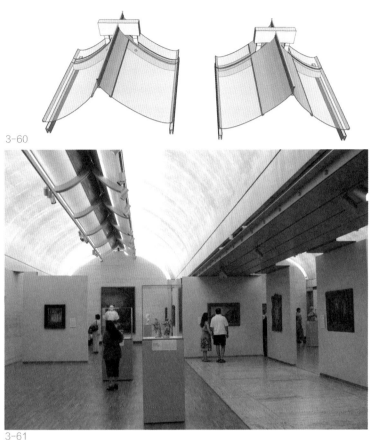

3-60

3-61

187

3-62

图 3-60 金贝尔艺术博物馆，沃斯堡，路易斯·康，1966-1972 / 光线反射器剖面透视图（左：公共性空间；右：展览空间）

图 3-61 金贝尔艺术博物馆，沃斯堡，路易斯·康，1966-1972 / 室内展示空间

图 3-62 金贝尔艺术博物馆，沃斯堡，路易斯·康，1966-1972 / 入口大厅空间

顶层采光天窗的设计，则与预浇注的Ｖ形RC折板梁的结构形式整合在一起。在发展采光天窗的细部设计期间，一直困扰着康和凯利的问题是：如何在大面积引进自然光线后，能够再将其均匀地扩散成柔和的照明效果。当1974年康不幸过世时，设计团队仅对扩散的概念及装置达成共识，采光天窗的细部设计，最终是由路易斯·康事务所先前的同事梅耶接手完成。

依据凯利所提出的"光线理论"，采光天窗的细部设计可分成三个主要的组成部分：

1. 百叶装置：东、西、南向的开口采用固定式百叶，来控制自然光线的入射量。每个叶片经由光学计算，设计成不同的角度，使得自然光线的入射量能够达到预设的最佳化；北向则设置固定的金属封板，完全阻绝北向的直射光线。

2. 滤光装置：采用双层的蛋形喷砂玻璃，内层镀上抗紫外线涂料，将入射的有害光线加以过滤。

图3-63 耶鲁大学英国艺术中心，纽黑文，路易斯·康，1969-1974 / 采光天窗构造细部剖面图

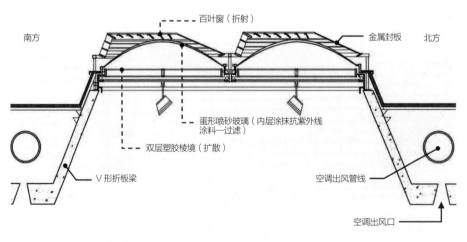

3-63

3. 再扩散装置：设置双层的塑胶棱镜，将过滤后的自然光线通过双层棱镜，进行两次扩散，均匀地分布至底下的展示空间中【图 3-63、图 3-64 】。

另一方面，如同在金贝尔艺术博物馆中以不同的光线特质与采光构造形式，展现不同的空间属性，康在耶鲁大学英国艺术中心的中庭采光天窗构造中，不装设光线的扩散棱镜，呈现出不同于展示空间的自然光线特质。虽然开放式均布顶光的采光设计，能够维持稳定的光线品质，但参观者仍能在空间中感受到，自然光线在一天当中各种不同的视觉变化情形。

## ■ 整合设备服务、自然采光与结构的美术馆设计革新

为展现空间是如何被建构与如何被服务的构筑思维，康反对使用悬吊式天花来隐藏设备管线的整合手法。他认为应该发展各种结构的可能性，来整合现代化的设备管线。康希望现代的建筑师能够发挥材料的本质特性，以实质的构造元素与结构形式，思考设备管线的整合问题。而在美术馆建筑中，运用自然采光与结构形式来形塑空间特质的同时，康也试

图 3-64 耶鲁大学英国艺术中心，纽黑文，路易斯·康，1969–1974 ／整合结构、空调管线与采光构造的屋顶结构透视图

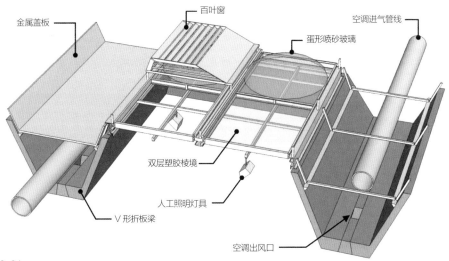

金属盖板
百叶窗
空调进气管线
蛋形喷砂玻璃
双层塑胶棱境
人工照明灯具
V 形折板梁
空调出风口

图传达建筑组构与设备整合的逻辑。依循结构形式与秩序的组构原则，是康形塑空间与自然光线以及整合设备管线时，最关键的考量因素。

通过对这三幢康设计的美术馆建筑的分析，我们发现，在耶鲁美术馆之后，当康开始表现自然光线的空间特质时，展示空间的屋顶结构必须被打开，导致设备管线的水平传输路径，必须借重于垂直向的构造元素。因此，独立的管线垂直服务核、柱间通气井、双层墙体等垂直向的构造形式，变成是康整合美术馆建筑设备管线的重心。基于服务与被服务空间必须具有独立空间结构的设计思维，传输管线的构造形式，从最初四面体楼板系统的构造孔隙，演变成能够展现被服务空间特质的服务空间单元。康自然采光美术馆的空间组构，清楚地揭露出自然采光的屋顶结构与整合设备管线的垂直向构造元素之间的关系。

在这三幢美术馆的设备管线整合设计中，暴露管线的整合形式，主要是依循着结构模具的秩序，与柱梁框架的组构逻辑整合在一起；而包覆式的整合形式，则是利用构造或结构元素的组合，发展出不同的结构形式来整合设备管线，包括：四面体楼板的系统、双层墙体、纵向长梁、柱间通气井、矩形与 V 形折板梁等。

康"暴露管线"的整合形式与"视管线如空间中雕塑品"的设计思维，则替日后高科技建筑在空间与外在形式的美学表现上，指引出一条不同于国际样式建筑"以悬吊式天花来整合设备管线"的设计操作模式。若就管线维修与更替的可及性与便利性，来审视这三座美术馆包覆式的整合形式，我们发现，耶鲁美术馆的四面体楼板系统，对日后管线的维修与更替造成了极大的不便。

在思考整合结构与自然光线的过程中，基于"以结构创造光线"、"光线赋予生命存在"的设计思维，康在以结构形式组织空间秩序的同时，也试图形塑自然光线进入空间的品质。他通过明、暗等各种光线的微妙变化，来改变空间的氛围；并借其凸显构造元素接合痕迹的阴影，来揭露材料存在的特质，与空间环环相扣的组构逻辑，具体实践其有如诗歌般展现真理的理性构筑思维。

在金贝尔艺术博物馆中，康借由摆线形拱顶的中央缝隙与铝制反射器的组合，有如"银色的发光体"般，创造了条状分布的自然光线形式，使得参观者能够在有韵律的空间秩序中，感受到一天当中不同时间点的自然光线分布情形。条状洒落的自然光束对比较为强烈，创造了从最亮到最深的阴影变化，使得空间中各部分的真实造型都能够显现出来。

而在英国艺术中心，康应用 V 形折板梁所形塑的方形开口与采光天窗的构造组合，设计出控制入射量、过滤与再扩散的光线处理步骤。将自然光线对艺术品的危害因子降至最低，并创造了一种稳定的光线品质，使得对自然光线中度与低度敏感的艺术画作，能够在演色性最佳的自然光线照明下，安全无虞地展示，进而形塑了一种均布式自然采光的展示空间形式。这种被动式的自然光线照明策略，对日后美术馆空间的自然采光设计与空间形式的发展，产生了深远的影响。

在全球弥漫环保永续议题的 21 世纪，康强调以结构形式整合现代化设备管线，并引进自然光线解决室内照明需求的美术馆构筑思维，展现了一种"从建筑本体出发，来展现环境特质"的美术馆建构模式。

在他的美术馆建筑中，不需要借由任何的自动化控制设备，只通过结构与自然光线作为媒介，人们就可以感受到与自然的亲密互动关系。这种以理性的构筑过程来转化环境特质进入展示空间，使人意识到自身与艺术展品存在的美术馆设计思维，是康留给后人思考"如何从空间的本质出发，并以被动式的构筑手法，来回应未来美术馆节能永续设计"的一大启发。

# **6** 结语

二战后，现代主义建筑师追求"形随机能"的设计风潮，在世界各地风起云涌地传播开来。一种遵循计划报告书、妥善的机能安排与组织空间，并在几何体量的形式操作下，隐藏结构与设备整合关联性的设计思维，成为全球推动建筑教育与实践的思考模式。现代主义的空间往往呈现出全球化的一致性，人们在抽象几何形式与玻璃帷幕的包装下，逐渐淡忘了对材料与文化的空间感受力。

路易斯·康的建筑实践，总是从探寻材料与空间的内在本质开始，通过理性的构筑逻辑，追求空间的秩序与纪念性。相较于现代主义建筑师，他往往扮演着哲学家的角色来服务业主，从对文化性的暗示，以及与材料对话的模式，来诠释机能性的使用需求。

他的构造细部与结构形式，揭示了空间如何被建构与如何被服务的过程，建筑的外在形式不再只是内在机能合理性的外显，而是对构筑逻辑的展现。另一方面，阳光与阴影不仅仅是用来强化几何形体的组合关系，路易斯·康应用构造与结构形式的组构，来引进自然光线，并借由光线与阴影揭露构筑的痕迹，使得人的感官体验能够感受到空间建构逻辑的理性诗意。

针对现代设备管线的整合问题，他也通过发展构造与结构形式的整合手法，发展出服务与被服务空间的建构理念，进而建造出整合设备管线专属的传输孔隙与设备空间，由设备空间与结构的整合形式，清楚地说明"空间如何被服务与如何被建构"的逻辑与内在特性。

然而，面对设备管线材料与技术的日新月异，他用构造与结构形式来整合设备管线的做法，往往造成设备管线更换与维修的难度。再者，整合设备管线专属的传输空间，也在追求管线愈来愈精巧的材料发展技术中，变成是空间的闲置与灰尘的累积，这是追求理性构筑诗意的康所面临的困境。

他整合了传统与革新的建造技术，从构筑的观点，走出了不同于现代建筑讲求形式主义的构筑模式，激发了新一代建筑师探索材料本质与追求技术革新的构筑思维；而展现结构骨架、服务设备的空间构筑模式与形式特质，更启发了 20 世纪 80 年代后当代建筑的发展。

自 1974 年路易斯·康停止创作至今，已经四十年过去了，如同贝聿铭在《我的建筑师》纪录片中被问及作品的数量和路易斯·康的有天壤之别时，曾表示："……虽然路易斯·康的作品不多，但每个都是经典。数量并不等同于质量！"路易斯·康的建筑作品，体现了对空间完美形式的探索与对建筑的热情，不仅感动了建筑的使用者与参观者，也让人们能够通过这些充满构筑诗意的作品，感受他传奇的建筑创作能量。

# 参考文献

[1] COLLINS P. Changing Ideals in Modern Architecture 1750-1950[M]. London: Faber and Faber Limited, 1965: 239.

[2] KAHN L. I. Form and Design[M]//LATOUR A., ed. Louis I. Kahn: Writings, Lectures, Interviews. New York: Rizzoli, 1991: 117.

[3] LATOUR A., ed. Louis I. Kahn: Writings, Lectures, Interviews[M]. New York: Rizzoli, 1991: 112-120.

[4] Ibid., 323.

[5] Ibid., 323.

[6] Ibid., 117.

[7] Ibid., 57.

[8] World Architecture I. 1964: 35.

[9] LATOUR A., ed. Louis I. Kahn: Writings, Lectures, Interviews[M]. New York: Rizzoli, 1991: 79.

[10] WURMAN R. S., ed. What Will Be Has Always Been. The Words of Louis I. Kahn[M]. New York: Rizzoli, 1986: 125.

[11] LATOUR A., ed. Louis I. Kahn: Writings, Lectures, Interviews[M]. New York: Rizzoli, 1991: 45.

[12] Ibid., 79-80.

[13] Ibid., 92.

[14] WURMAN R. S., ed. What Will Be Has Always Been. The Words of Louis I. Kahn[M]. New York: Rizzoli, 1986: 91.

[15] LATOUR A., ed. Louis I. Kahn: Writings, Lectures, Interviews[M]. New York: Rizzoli, 1991: 79.

[16] TWOMBLY R. Form and Design[M]//TWOMBLY R. Louis Kahn: Essential Texts. New York: W. W. Norton & Company, Inc., 2003: 69.

[17] LATOUR A., ed. Louis I. Kahn: Writings, Lectures, Interviews[M]. New York: Rizzoli, 1991: 59.

[18] New York Times[N]. 1972-10-23.

[19] WISEMAN C. Louis I. Kahn: Beyond Time and Style – A Life in Architecture[M]. New York: W. W. Norton & Company, Inc., 2007: 191.

[20] LATOUR A., ed. Louis I. Kahn: Writings, Lectures, Interviews[M]. New York: Rizzoli, 1991: 79.

[21] Ibid.

[22] SCULLY V. Louis I. Kahn and the Ruins of Rome[M]//SCULLY V. Modern Architecture and Other Essays. Princeton: Princeton University Press, 2003: 300.

[23] LATOUR A., ed. Louis I. Kahn: Writings, Lectures, Interviews[M]. New York: Rizzoli, 1991: 92.

[24] MILLET M. S. Sacred Light: The Kimbell Art Museum[M]//MILLET M. S. Light Revealing Architecture. Mexico: International Thomson Publishing, Inc., 1996: 160-161.

[25] Ibid.

[26] LOUD P. C. The Art Museums of Louis I. Kahn[M]. North Carolina: Duke University Press, 1990: 265.

[27] LATOUR A., ed. Louis I. Kahn: Writings, Lectures, Interviews[M]. New York: Rizzoli, 1991: 57.

[28] Architectural Forum[J]. 1952, 97(3): 148-149.

[29] PROWN J. D. The Architecture of the Yale Center for British Art[M]. New Haven: Yale University, 1982: 43.

[30] LOUD P. C. The Art Museums of Louis I. Kahn[M]. North Carolina: Duke University Press, 1990: 267.

[31] WURMAN R. S., ed. What Will Be Has Always Been. The Words of Louis I. Kahn[M]. New York: Rizzoli, 1986: 257.

[32] PROWN J. D. The Architecture of the Yale Center for British Art[M]. New Haven: Yale University, 1982: 42.

# 索引

人名

## 地名

# 其他

# 图片出处

图 1-1 / Jason Lynch, http://commons.wikimedia.org/wiki/File:NationalMemorialArch_ValleyForge.jpg

图 1-2 / Andrew Jameson, http://commons.wikimedia.org/wiki/File:DetroitInstituteoftheArts2010C.jpg

图 1-3 / AgnosticPreachersKid, http://commons.wikimedia.org/wiki/File:Marriner_S._Eccles_Federal_Reserve_Board_Building.jpg

图 1-11 / Staib, http://commons.wikimedia.org/wiki/File:Glasshouse-philipjohnson.jpg

图 1-12 / Carol M. Highsmith, http://commons.wikimedia.org/wiki/File:Farnsworth_House_2006.jpg

图 1-23 / Smallbones, http://commons.wikimedia.org/wiki/File:T_bath_house_3.JPG

图 1-27 / Jimbo35353, http://commons.wikimedia.org/wiki/File:Kahn_-_Rochester_Sanctuary.jpeg

图 1-41 / Lykantrop, http://commons.wikimedia.org/wiki/File:National_Assembly_of_Bangladesh,_Jatiyo_Sangsad_Bhaban,_2008,_5.JPG

图 1-46 / Smallbones, http://commons.wikimedia.org/wiki/File:V_Venturi_H_720am.JPGJimbo35353

图 2-16 / 描绘自 McCarter, R., Louis I Kahn, (London: Phaidon Press Limited, 2005), 184.

图 2-22 / Edifices de Rome Moderne, 1840.